"十四五"职业教育国家规划教材

Flash CC 动画设计与制作

主　编　张雅莉
副主编　舒庆伟　孙　青　马方超
参　编　张秀生　王雪枝

北京理工大学出版社
BEIJING INSTITUTE OF TECHNOLOGY PRESS

版权专有　侵权必究

图书在版编目（CIP）数据

Flash CC 动画设计与制作 / 张雅莉主编 . —北京：北京理工大学出版社，2023.7 重印
ISBN 978-7-5682-5521-9

Ⅰ . ① F… Ⅱ . ①张… Ⅲ . ①动画制作软件 Ⅳ . ① TP391.414

中国版本图书馆 CIP 数据核字（2018）第 079125 号

出版发行 / 北京理工大学出版社有限责任公司	
社　　址 / 北京市海淀区中关村南大街 5 号	
邮　　编 / 100081	
电　　话 /（010）68914775（总编室）	
（010）82562903（教材售后服务热线）	
（010）68944723（其他图书服务热线）	
网　　址 / http：//www.bitpress.com.cn	
经　　销 / 全国各地新华书店	
印　　刷 / 定州市新华印刷有限公司	
开　　本 / 787 毫米 × 1092 毫米　1/16	
印　　张 / 11.5	责任编辑 / 张荣君
字　　数 / 256 千字	文案编辑 / 张荣君
版　　次 / 2023 年 7 月第 1 版第 5 次印刷	责任校对 / 周瑞红
定　　价 / 38.00 元	责任印制 / 边心超

图书出现印装质量问题，请拨打售后服务热线，本社负责调换

前言 PREFACE

Adobe Flash CC 是 Adobe 公司推出的一款优秀的矢量动画制作软件。该软件主要应用于网络广告、动画短片、网站设计、电子贺卡、音乐 MV、多媒体课件、小游戏、手机等领域，既可以满足艺术欣赏与展示，又可以满足商业价值的需要。由它制作的动画"超""炫""酷"，具有动画品质高、文件体积小、传输速度快、视觉效果好、互动功能强等优点，是网页矢量交互动画设计软件的代表产品。

1. 本书内容和特点

中华传统文化赋予了中国动画独有的文化底蕴，使中国动画承载了一定的精神塑造和价值观教育职能。二维动画设计课程中蕴含着丰富的思想政治教育资源，包括爱国情怀，社会责任感以及文化自信等。本书采用新版 Flash CC 软件，分为基础热身篇和赛场竞技篇两大部分。采用项目教学与案例教学，知识点与实战演练相结合，讲解了 Flash CC 的操作方法和动画制作技巧。基础热身篇，知识讲解侧重于完整和系统，并注重简单实用，系统地讲解了 Flash CC 的相关应用功能。赛场竞技篇，侧重于实践能力和创新能力的培养，通过三类综合应用示范案例：贺卡案例、网站片头动画、动画短片。全面展现了 Flash 在实际工作中的具体应用。从热身篇扩展到竞技篇，针对不同层次的案例和综合项目制作。遵循立德树人的教育根本，注重情感融入，体现爱国爱家情怀，培养工匠精神。

2. 本书结构和特点

本书的框架结构以开启动画之门、丰富动画之旅、点亮动画应用为项目思路主线。基础热身篇，每一项目任务包括：任务描述→学习要点→知识学习→探究活动→拓展延伸等项目。赛场竞技篇，每一类综合应用示范案例包括：成品预览→构思创意→素材准备→制作步骤→综合视频等项目。所选案例力求融入做人做事的基本道理、社会主义核心价值观的要求、实现中华民族伟大复兴的理想与责任。实现 Flash 动画设计课程与思想政治理论课同向同行，紧贴应用实际并融入课程思政形成协同效应。

3. 项目案例与学时安排

序号	项目案例	项目简介	建议学时
1	Flash CC 概述 视频：安装卸载	介绍 Flash CC 应用领域，安装与卸载、术语及文件格式等基础知识	4
2	Flash CC 的基本操作 视频：模板创建雪景动画	介绍 Flash CC 的工作界面及基本编辑方法等简单案例	4
3	Flash CC 的绘制功能 视频：绘制《成长》动画短片素材	介绍 Flash CC 所有工具的使用等简单案例。综合应用绘制动画短片素材	12
4	使用"时间轴"面板 视频：制作分层动画《春天在哪里》	介绍时间轴、图层、帧等简单案例。综合应用制作分层动画案例	6
5	文本的创建 视频：文字效果	介绍传统文本属性的设置编辑、滤镜功能等简单案例。综合应用文字效果案例	4
6	元件、实例和库 视频演示：创建按钮及影片剪辑元件	介绍创建编辑元件、实例和库简单案例。综合应用元件、实例和库案例	6
7	Flash 动画制作 视频：制作典型动画及综合动画《思念—感恩》	介绍逐帧动画、补间形状动画、传统补间动画、引导动画、遮罩动画等简单及合成案例	12
8	声音和视频的应用 视频演示：为动画添加声音《春天在哪里》和视频《感恩》	介绍声音、视频，导入、编辑、优化、输出等简单案例及综合应用案例	6
9	组件的应用 视频：创建常用组件	介绍按钮、复选框、下拉列表框文本域、滚动条组件的简单案例	6
10	ActionScript3.0 应用 视频演示：创建交互动画《劳动最光荣》	介绍脚本的编写与调试，为动画创建交互效果案例	6
11	动画的测试与发布 视频：发布常用格式的影片《闪闪红星》	介绍测试、优化、发布影片，为动画设定不同的发布效果案例	6
12	Flash CC 综合应用 电子贺卡的制作流程 网页动画的制作流程 动画短片的制作流程	介绍贺卡、网站片头、动画短片等综合类作品的成品预览、构思创意、素材准备、制作步骤等综合案例	36
	总计		108

本书语言通俗易懂，案例典型实用，并配以大量的图示讲解，可用作初中级用户、职业院校师生以及对 Flash 有着浓厚兴趣读者的培训教材。本书的立体化教学资源包括 12 个项目案例教学的演示视频、简单及综合案例的素材和源文件、对应 12 个章节的教学课件，扫描二维码即可获得相关资源。

本书的编写，编者虽然精心准备，尽量考虑周全，但是由于时间紧张及学识所限，书中难免存在疏漏或不妥之处，敬请专家、同行与读者批评指正。

编　者

目录 CONTENTS

第 1 篇　基础热身

项目 1　开启动画之门 …………………………………… 1
- 任务 1　初识 Flash CC ………………………………… 2
- 任务 2　Flash CC 的基本操作 ………………………… 10
- 任务 3　Flash CC 的绘制功能 ………………………… 17
- 任务 4　使用"时间轴"面板 ………………………… 45
- 任务 5　文本的创建 …………………………………… 59
- 任务 6　元件、实例和库 ……………………………… 73

项目 2　丰富动画之旅 …………………………………… 85
- 任务 7　Flash 动画制作 ……………………………… 86
- 任务 8　声音和视频的应用 …………………………… 103
- 任务 9　组件的应用 …………………………………… 115
- 任务 10　ActionScript3.0 应用 ……………………… 124
- 任务 11　动画的测试与发布 ………………………… 134

第 2 篇　赛场竞技

项目 3　点亮动画应用	147
任务 12-1　制作贺卡	150
任务 12-2　制作网站片头动画	158
任务 12-3　制作动画短片	166

参考文献	175

第 1 篇 基础热身

项目 1

开启动画之门

中华传统文化赋予了中国动画独有的文化底蕴，使中国动画承载了一定的精神塑造和价值观教育职能。Adobe Flash CC 是 Adobe 公司推出的一款优秀的矢量动画制作软件。由它制作的动画"超"、"炫"、"酷"，动画品质高、文件体积小、传输速度快、视觉效果好、互动功能强等优点，作为网页矢量交互动画设计软件的代表产品。

项目情景

闪客是网络新文化一族，是指通过 Flash 来从事艺术表达和设计的人。他们用自己的动画诠释自己的想法和人生。他们带给观众一部又一部风格独特、充满个人特色的动画。他们永远富于创造力和想象力。他们愿意挑战自我，愿意展现自我。他们是互联网时代新的一批中坚力量。Flash 动画自身的亲和力和传播速度等优势，会给 Flash 动画产业带来巨大的商业空间。同学们渴望通过学习，掌握专业知识与技能，应用于今后的职场和生活中。让我们一起开启动画之门。

学习目标

1. 了解 Flash CC 的相关知识概述。
2. 了解 Flash CC 的工作界面和基本操作。
3. 掌握 Flash CC 的绘制和编辑功能。
4. 熟练掌握时间轴、图层、帧的编辑操作技巧。
5. 掌握文本的文字属性和段落属性的设置与编辑技巧，灵活使用滤镜。
6. 掌握创建编辑元件和实例的方法，合理的使用库资源。

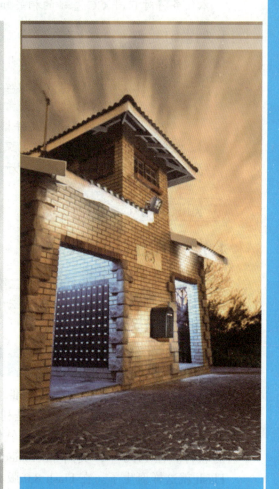

- 任务 1　初识 Flash CC
- 任务 2　Flash CC 的基本操作
- 任务 3　Flash CC 的绘制功能
- 任务 4　使用"时间轴"面板
- 任务 5　文本的创建
- 任务 6　元件、实例和库

任务1　初识Flash CC

🔍 任务描述

　　Flash 是一款优秀的矢量动画制作软件，Flash 动画的制作简化了传统动画制作流程。制作的动画具有短小精悍的特点，广泛应用于网页动画设计成为最为流行的软件之一。本任务将对 Flash CC 基础的相关知识进行全面学习，为后面的 Flash 动画制作打下基础。

🔍 学习要点

知识：
　　1. Flash CC 的功能与应用领域。
　　2. Flash CC 的安装与卸载。
　　3. Flash 的术语及文件格式。
技能：培养自主学习和自主探究的能力。
素养：激发求知欲，培养对于本课程和本专业的热爱。

🔍 知识学习

1.1　初识Flash CC

　　Flash 是世界上第一个商用的二维矢量动画软件，它是矢量图编辑和动画创作的专业软件，能够将矢量图、位图、音频、动画等有机、灵活地结合在一起，创建美观、新奇、交互性强的动态效果。

1.1.1　Flash的诞生

　　Flash 是交互式矢量动画的标准，Flash 诞生以前，网页上的动画制作方法：一种方法是制作成 GIF 动画，另一种方法就是利用 Java 编程，动画的效果完全取决于程序的编写能力。世界上第一个商用的二维矢量动画软件是 Future Wave 公司研究出的一个名称为 Future Splash 的软件。在 1996 年，美国 Macromedia 公司收购了 Future Wave 公司，并将其改名为 Flash。Flash 就这样诞生了。在 Flash 8.0 版本以后，Adobe 公司收购 Macromedia 公司，功能上进一步强化。目前最新版本为 Flash CC。

1.1.2　Flash CC的新功能

　　全新版本的 Flash CC 最大的改变就是与 Adobe 创意云的深度集成，为用户提供建立动画和多媒体内容的编写环境，并让视觉效果设计师可以建立台式计算机和移动设备都能一致呈现的互动体验。其中最为显著的改变就是废弃了对 Action Script 1.0/2.0 的支持。使用 64 位架构，也就是说 32 位系统无法安装 Flash CC；增强及简化的 UI、Full HD 视频和音效转存，全新的程序代码编辑器，通过 USB 进行测试，改进的 HTML 发布，实时绘图和实时色彩预览，时间轴增强功能，无限制的绘图板大小，自定义元数据和同步设定。图1-1-1所示为Flash Professional CC的启动界面。

在传统的电视台播放。一次制作，多平台发布。目前越来越多的企业已经转向使用Flash动画技术制作网络广告，以便获得更好的效果。图1-1-2所示为使用Flash CC制作的广告页面。

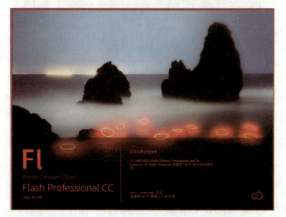

图1-1-1　Flash Professional CC启动界面

图1-1-2　广告页面

1.1.3　Flash CC的应用领域

Adobe Flash CC界面清新，简洁友好，Flash动画制作既可以满足艺术欣赏与展示，又可以满足商业价值的需要，应用的领域主要有以下几个方面。

（1）网络广告：Flash广告作为一种新兴传播媒体，与传统的广告相比有着显著的优势。Flash制作的广告，因为它既可以在网络上发布，同时也可以存为视频格式

（2）动画短片：Flash拥有的互动能力及简捷的动画制作，可以制作各种风格的动画，题材涉及广泛，情景类型丰富多彩，由Flash动画引发的对动画娱乐产品的需求也将迅速膨胀。Flash动画用于电视系列片、电影短片、动画片并成为一种新的形式。图1-1-3所示为使用Flash CC制作的动画页面。

①

②

③

图1-1-3　动画页面

（3）网站设计：Flash的按钮功能非常强大，是制作菜单的首选。精美的Flash动画具有很强的视觉、听觉冲击力，公司可以借助其精彩效果吸引客户的注意力，从而达到比静态页面更好的宣传效果，可以大大提升网站的含金量。图1-1-4所示为使用Flash CC制作的网站主页。

图1-1-4 网站页面

（4）电子贺卡：网络发展也给电子贺卡带来了商机，当今越来越多的人在亲人、朋友重要日子的时候通过互联网发送贺卡，传统的图片文字贺卡太过单调，这就使得具有丰富效果的Flash动画有了用武之地。图1-1-5所示为使用Flash CC制作的电子贺卡页面。

图1-1-5 电子贺卡页面

（5）音乐MV：在国内，用Flash制作MTV也开始商业化，它是在唱片宣传上既保证质量又降低成本的有效途径，文件小，上传下载快，场景切换迅速。丰富对比真人MTV的单调效果，使得Flash音乐MV成功地扩展了传统唱片的推广，在网络经营上拥有更大的空间。图1-1-6所示为使用Flash CC制作的音乐MV页面。

图1-1-6 音乐MV页面

（6）多媒体课件：Flash动画技术越来越广泛地被应用到课件制作上，使得课件功能更加完善，内容更加精彩。图1-1-7所示为使用Flash CC制作的课件页面。

（7）小游戏：Flash强大的交互功能搭配其优良的动画能力，使得它能够在游戏领域中占有一席之地。Flash游戏可以实现任何内容丰富的动画效果，还能节省很多空间。图1-1-8所示为使用Flash CC制作的游戏页面。

图1-1-7 课件页面

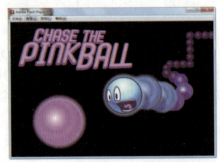

图1-1-8 游戏页面

（8）手机领域：手机的技术发展，已经为 Flash 的传播提供了技术保障，而 Flash 动画自身的亲和力和传播速度等优势，将会给 Flash 动画产业带来巨大的商业空间。图 1-1-9 所示为使用 Flash CC 制作的天气预报 APP 页面。

图1-1-9　天气预报APP页面

🔍 探究活动

1.2　Flash CC的安装与卸载

1.2.1　安装系统环境

Flash CC 安装系统环境如表 1-1-1 所示。

表1-1-1　Flash CC安装系统环境

操作系统	建议使用 Microsoft Windows 10（64位）系统操作以上，最低 Microsoft Windows 7（64位）系统操作。
处理器	建议使用 Intel i5 四核以上 或 AMD Ryzen 5 四核以上或其他四核以上处理器。
内存	建议使用 16GB 的 RAM 以上。
显卡	建议使用 GDDR6 8G 显存以上。
硬盘	建议使用高速 1T 硬盘或固态 500G 容量硬盘，最低安装空间为 2.5GB。

安装时要求以管理员（用户名 administrator）身份登录系统方可安装成功。FlashCC 是 FLASH 制作家族的终极版，蕴含强大的制作功能和开发能力。不仅能制作完美的动画，而且支持 3d 立体制作与编程。还能开发出类似 QQ 一样的社交软件。从 Flash CS5 开始到 CC，都能一次性编辑，直接在 Windows 下编译出 .exe(电脑)、.apk(安卓)、.ipa(苹果)等支持电脑和手机、平板的软件，功效可谓十分强大。

1.2.2　Flash CC的安装

▍ 实战演练：Flash CC 的安装

（1）下载 Adobe Flash Professional CC 2015 并解压到指定位置。双击 Setup 开始安装，进入初始化界面，如图 1-1-10 所示。

图1-1-10　初始化界面

（2）安装初始化完成后，进入"欢迎"界面，在该界面中选择"试用"选项，如图 1-1-11 所示。

图1-1-11 "欢迎"界面

（3）进入"Adobe软件许可协议"界面，如图1-1-12所示。

图1-1-12 "Adobe软件许可协议"界面

（4）单击"接受"按钮，进入Adobe ID登录界面，输入ID和密码，如图1-1-13所示，如果没有Adobe ID界面右侧可以创建。提示用户安装的过程中可能会遇到安装不上的问题，用户可以查阅www.adobe.com/cn的官网，下载Adobe软件专用的清理插件，对系统清理完成后，再进行安装。

图1-1-13 登录界面

（5）单击"登录"按钮，进入"选项"界面，在此界面指定安装语言和位置，如图1-1-14所示。

图1-1-14 "选项"界面

（6）单击"安装"按钮，进入"安装"界面，在此界面显示安装进度，如图1-1-15所示。

①

②

图1-1-15 安装进度

（7）安装完成后，进入"安装完成"界面，如图1-1-16所示。单击"立即启动"按钮进入 Flash Professional CC 启动界面，如图1-1-17所示。

图1-1-17　Flash Professional CC启动界面

1.2.3　Flash CC的卸载

单击"开始"菜单项，选择"控制面板"选项，在"控制面板"窗口中单击"程序和功能"按钮。选择 Flash CC 程序，单击"卸载"按钮即可。

图1-1-16　"安装完成"界面

🔍 拓展延伸

1.3　Flash的术语及文件格式

学习 Flash CC 之前，需要对 Flash 有一些大概的了解，首先了解 Flash 的基本术语，解决初学者在学习中遇到的问题，以便更好地进行软件的学习。

1.3.1　Flash 的基本术语

1. 帧的基础知识

（1）普通帧。普通帧在时间轴上显示为灰色方格。帧是进行动画制作的最小单位，普通帧一般处于关键帧后方，主要用来延伸时间轴上的内容，如图1-1-18所示。

图1-1-18　普通帧

（2）关键帧。关键帧在时间轴上显示为实心的圆点。关键帧是在动画播放过程中，定义了对动画的对象属性所做的更改，或包含了控制文档的 ActionScript 代码，如图1-1-19所示。

图1-1-19 关键帧

（3）空白关键帧。空白关键帧在时间轴上显示为空心的原点。空白关键帧是编辑舞台上没有包含内容的关键帧。如果在空白关键帧上添加内容则转换为关键帧，如图1-1-20所示。

图1-1-20 空白关键帧

（4）帧频。帧频指的是Flash动画的播放速度，以每秒播放的帧数为度量单位。Flash的默认帧频为24帧/秒，表示每秒播放24帧。

2. 场景

一个Flash中至少包含一个场景，也可以同时拥有多个场景。通过Flash中的场景面板可以根据需要进行添加或删除。

1.3.2 Flash的相关术语

（1）Adobe AIR：利用Adobe公司的Flash技术开发的视频播放平台，它主要的功能就是让用户可以在网上看视频。Adobe Air是针对网络与桌面应用的结合所开发出来的技术，它具有本地运行、跨平台和开发门槛低等特点，用户可以不必经由浏览器而对网络上的云端程式做控制。

（2）Android：Google公司提供的移动设备操作系统，是现今流行于手机用户中的Android系统。用户可将Flash动画转换为可以在Android系统中运行的文件。通过AIR for Android命令，也可以通过新建Adobe AIR for Android文档，在Flash中完成应用程序的制作，然后通过发布设置完成程序的发布。

（3）iOS：由苹果公司开发的手持设备操作系统，Flash支持为AIR for iOS发布应用程序。AIR for iOS应用程序可以运行于Apple iPhone和iPad上。

（4）FlashLite：Adobe公司出品的软件。FlashLite播放器可以使用户在手机上体验到接近计算机视频的 Flash 播放画质。

（5）FLV 视频格式：目前互联网上最流行的视频格式。

（6）ActionScript：简单地说，ActionScript 是一种编程语言，也是 Flash 特有的一种开发语言。它在 Flash 内容和应用程序中实现交互性、数据处理及其他功能。

1.3.3　Flash 的文件格式

（1）FLA：Flash 中使用的主要文件格式，它是包含 Flash 文档的媒体、时间轴和脚本基本信息的文件。

（2）SWF：FLA 文件默认的发布格式。使用 FlashPlayer 播放，可以直接应用到网页中，也可以直接播放。

（3）XFL：代表了 Flash 文档，是一种基于 XML、开放式文件夹的方式。这种格式将方便设计人员和程序员合作，提高工作效率。

（4）GIF：基于网络上传输图像而创建的文件格式，标准的 GIF 文件就是经压缩的位图文件，有利于在网上传输，它支持背景透明和动画。可以用它制作简单的动画。由于此格式压缩效果较好，可以保持稳健的透明性，并且它支持 256 种颜色及 8 位的图像文件。

（5）JPEG：一种高压缩比的位图格式。适于输出包含渐变色或位图形成的图形。该格式主要用于图像预览、制作网页和超文本文档中。

（6）PSD：默认的文件格式，而且是除大型文档格式（PSB）之外支持所有 Photoshop 功能的唯一格式。PSD 格式可以保存图像中的图层、通道和颜色模式等信息，将文件保存为 PSD 格式，方便以后进行修改。Flash Pro 可以直接导入 PSD 文件并保留许多 Photoshop 功能，并且可在 Flash Pro 中保持 PSD 文件的图像质量和可编辑性。导入 PSD 文件时还可以对其平面化，同时创建一个位图图像文件。

（7）PNG：一种可跨平台支持透明度的图像格式。PNG 格式是作为 GIF 的替代品开发的，用于无损压缩和在 Web 上显示图像。与 GIF 不同，PNG 支持 24 位图像并产生无锯齿状边缘的背景透明度。

演示视频：Flash CC 的安装与卸载

扫一扫　　　扫一扫
学操作　　　学操作

自我评价

知识与技能点	知识理解程度	技能掌握程度	学习收效
应用领域			☆☆☆
安装与卸载			☆☆☆
术语及文件格式			☆☆☆

任务2　Flash CC的基本操作

🔍 任务描述

　　Flash是一款动画创作与应用程序开发于一身的创作软件，最新版本的Flash CC功能非常强大。本任务将从基础的Flash CC的操作界面以及如何对工作环境进行相关设置进行学习。

🔍 学习要点

知识：
1. Flash CC 的工作界面
2. Flash CC 的舞台、工作区、工具说明
3. Flash CC 的基本编辑方法。

技能：对比相关软件学习，提升专业知识的融会贯通能力。
素养：激发学习兴趣，培养探究精神和举一反三的能力。

🔍 知识学习

1.1　Flash CC的工作界面

　　Flash CC的工作界面主要包括菜单栏、工具箱、时间轴、舞台与工作区及一些常用的面板等，如图1-2-1所示。

1.1.1　认识工作界面元素

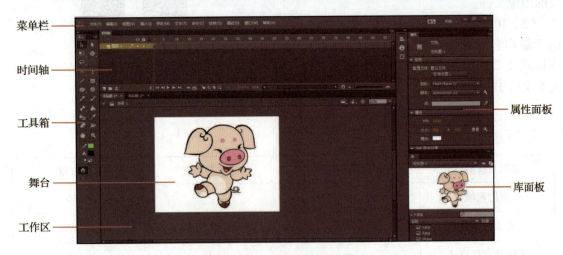

图1-2-1　Flash CC的工作界面

1.1.2 查看舞台

舞台类似生活中的实景舞台,是演员表演的空间。在 Flash 中,用户在创建 Flash 文件时放置显示内容,最终生成动画作品的区域称为舞台,默认背景为白色。在输出影片时,只有舞台区域内的对象才被显示,如图 1-2-2 所示。

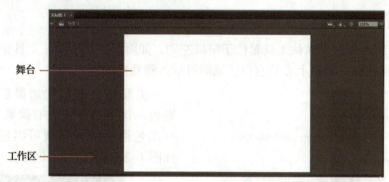

图1-2-2 舞台区域

提示:用户也可以执行"视图"→"屏幕模式"→"标准屏幕模式/带有菜单栏的全屏模式/全屏模式"命令来以不同的模式查看舞台。

1.1.3 设置工作区

工作区类似生活中的实景后台,是舞台周围的灰色区域,使用"工作区"命令可以查看场景中部分或全部超出舞台的元素。在测试影片时,这些对象不会显示出来。

Flash CC 为用户提供了方便、适合各种设计人员的工作区,一共有 7 种方案可以选择。打开 Flash CC 软件,单击"基本功能"按钮,如图 1-2-3 所示,或执行"窗口"→"工作区"命令,如图 1-2-4 所示,都可以显示 Flash CC 中的工作区。

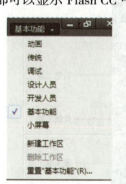

图1-2-3 "基本功能"下拉列表

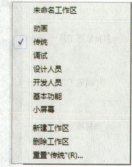

图1-2-4 工作区菜单

1.1.4 工具说明

1. 菜单栏

菜单栏最左侧是 Flash 的图标,从左到右依次为"文件""编辑""视图""插入""修改""文本""命令""控制""调试""窗口"和"帮助"菜单项,如图 1-2-5 所示。

图1-2-5 菜单栏

2. 编辑栏

菜单栏正下方的编辑栏包含用于编辑的场景和元件及用于更改舞台的缩放比例等信息，如图 1-2-6 所示。

图1-2-6　编辑栏

3. 工具箱

Flash 中传统工作区，默认工具箱位于窗口左侧，如图 1-2-7 所示。工具箱的位置是可以改变的，用鼠标按住工具箱上方的空白区域即可进行随意拖动。

工具箱中的按钮如果带有黑色箭头，则表示该工具按钮内有隐藏工具，单击带有黑色箭头的按钮就可以显示隐藏工具，如图 1-2-8~ 图 1-2-10 所示。

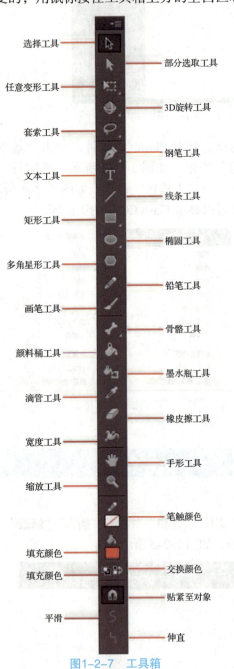

图1-2-7　工具箱

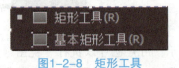

图1-2-8　矩形工具

图1-2-9　椭圆工具　　图1-2-10　3D旋转工具

4. 时间轴

时间轴由图层、帧和播放头组成。分为左右两个区域，左边是图层控制区域，右边是帧控制区域。在时间轴的上面红色的线为"定位磁头"指示当前帧，如图1-2-11所示。

图1-2-11　时间轴

5. 所有面板

Flash CC 中包含了许多面板，面板是用于设置工具参数及执行编辑命令的，它们默认被显示在窗口的右侧，可根据需要打开、关闭或自由组合，图 1-2-12 所示为"窗口"列表。

项目1　开启动画之门

图1-2-12　"窗口"列表

图1-2-14　"颜料桶工具"属性面板

6. 常用面板

常用面板包括"属性"面板、"库"面板和"颜色"面板及各种工具面板等。如图1-2-13~图1-2-16所示。

图1-2-13　"文档"属性面板

图1-2-15　"矩形工具"属性面板

13

图1-2-16 "库"面板

探究活动

1.2 Flash CC的基本编辑方法

1.2.1 新建文档

打开 Flash CC 软件，执行"文件"→"新建"命令，弹出"新建文档"对话框，如图1-2-17 所示，在该对话框中包括"常规"和"模板"两个选项卡。

图1-2-17 "新建文档"对话框

"常规"选项卡中各选项的含义如下。

（1）ActionScript3.0：选择此选项时生成的文件类型是"*.fla"格式的文件，应用的脚本语言是 ActionScript 3.0 版本。

（2）宽：以像素为单位用来设置场景的宽度。

（3）高：以像素为单位用来设置场景的高度。

（4）标尺单位：用来设置标尺的单位。在其下拉列表中包括"英寸""英寸（十进制）"和"点"等单位，如图1-2-18 所示。

图1-2-18 "标尺单位"下拉列表

（5）帧频：用来设置每秒显示的帧的个数。默认值为24fps，即每秒显示 24 帧。

（6）背景颜色：用来设置影片的背景颜色。

（7）设为默认值：单击该按钮，使更改后的内容设为创建文件的默认值。

（8）描述：选择"常规"选项卡中的任意选项，即可在此显示相应选项的解释和说明。

"模板"选项卡如图1-2-19 所示，用户可以基于不同的模板创建不同的文档，提供了 10 个类别。

图1-2-19 "模板"选项卡

修改文档属性：执行"修改"→"文档"命令（或按 Ctrl+J 组合键），或单击"属性"面板中的"编辑文档属性"按钮（图 1-2-20），均可打开"文档设置"对话框，如图 1-2-21 所示。

图1-2-20　"属性"面板

图1-2-21　"文档设置"对话框

1.2.2　打开已有文档

打开已有文档的方法如下。

方法 1：直接在 Flash 初始界面上单击"打开"按钮。

方法 2：直接双击 Flash 文件的图标。

方法 3：通过"文件"菜单打开，执行"文件"→"打开"命令，或按 Ctrl+O 组合键。

方法 4：打开最近使用的文件，执行"文件"→"打开最近的文件"命令，在其子菜单中将显示最近使用的文件。

1.2.3　导入文件

（1）导入到舞台：执行"文件"→"导入"→"导入到舞台"命令，弹出"导入"对话框，在该对话框中选择要导入的素材文件，单击"打开"按钮即可将其导入到舞台。

（2）导入到库：执行"文件"→"导入"→"导入到库"命令，将其导入到"库"中，素材将不会在舞台中出现。执行"窗口"→"库"命令，即可打开"库"面板，用户可以看到导入的素材并对其进行编辑等。

（3）导入视频：执行"文件"→"导入"→"导入视频"命令，弹出"导入视频"对话框，单击"浏览"按钮，在弹出的"打开"对话框中选择要导入的视频，单击"下一步"按钮，选择合适的外观。

1.2.4　保存文件

保存文件有以下几种方法。

（1）执行"文件"→"保存"命令。

（2）执行"文件"→"另存为"命令。

（3）执行"文件"→"另存为模板"命令。

（4）执行"文件"→"全部保存"命令。

（5）按 Ctrl+S 组合键。

（6）按 Ctrl+Shift+S 组合键。

1.2.5 关闭文档

（1）执行"文件"→"关闭"命令。

（2）执行"文件"→"全部关闭"命令。

（3）按 Ctrl+W 组合键。

（4）按 Ctrl+Shift+W 组合键。

（5）单击文档窗口上的"关闭"按钮。

图1-42 "从模板新建"对话框

（2）即可从模板中创建一个动画。按 Ctrl+Enter 组合键测试动画效果。

演示视频：通过模板创建雪景动画

拓展延伸

实战演练：通过模板创建雪景动画

（1）执行"文件"→"新建"命令，弹出"从模板新建"对话框，在"类别"列表中选择"动画"选项，并从"模板"列表中选择"雪景脚本"选项，单击"确定"按钮，如图 1-42 所示。

扫一扫
学操作

自我评价

知识与技能点	知识理解程度	技能掌握程度	学习收效
舞台、工作区、工具箱、时间轴、面板			
新建、打开、导入、保存、关闭			

项目 1　开启动画之门

任务3　Flash CC的绘制功能

🔍 任务描述

　　Flash CC 拥有强大的矢量绘图功能。本任务将对图形的绘制与编辑操作进行详细讲解。通过学习，用户可以使用不同的绘图工具，配合多种编辑命令或编辑工具，可以制作出精美的矢量图形。让我们进入 Flash CC 奇妙的绘图世界。

🔍 学习要点

知识：
1. 图形的基础知识。
2. 辅助工具的使用。
3. 常用绘图工具的使用。
4. 颜色填充工具的使用。
5. 图形对象的编辑与修饰。

技能： 对比相关软件学习，优化各工具使用，灵活运用的能力。

素养： 培养分析、解决问题能力；提高团结协作共同探究的能力。

🔍 知识学习

1.1　图形的基础知识

　　图像是 Flash 最常用的素材之一，贯穿整个动画。在制作动画时，有时需要插入外部图像，而且还需要将插入的图像转换成矢量图形。了解一些图像的基础知识如矢量图与位图、像素与分辨率等是非常必要的。

1.1.1　矢量图与位图

　　位图又称为点阵图，也称为像素图，由像素或点的网格组成。当放大位图时，可以看到构成整个图像的无数单个方块。如果放大到一定程度就会出现一个个小方格，这些小方格被称为像素点。像素点是图像中最小的图像元素，位图的大小和质量取决于图像中像素点的多少。位图图像色彩丰富，像素点以不同的排列和色彩显示，过渡比较自然。但是一般位图体积比较大，需要占用大量空间，而且不能随意放大、缩小。Photoshop 是位图编辑软件，如图 1-3-1~图 1-3-2 所示。

图1-3-1　位图文件的大小

①

②

图1-3-2　位图原图和局部放大图

17

矢量图又称为绘图图像，是用直线和曲线来描述的图形，都是通过数学公式计算获得的图形效果。矢量文件中每个对象都是一个自成一体的实体，它具有颜色、形状、轮廓和大小等属性，可以自由无限制地重新组合。矢量图可以任意放大或缩小，并且图像不会失真，和分辨率无关，文件占用空间较小。缺点是难以表现色彩层次丰富的逼真图像效果。Illustrator、CorelDraw 是矢量图绘制软件，如图 1-3-3~图 1-3-4 所示。

图1-3-3　矢量图文件的大小

① 　　　　　　　②

图1-3-4　矢量图原图和局部放大图

1.1.2　像素与分辨率

像素是和位图图像相关的概念，是衡量图像细节表现的重要参数。

（1）像素是构成图像的最小单位，是图像的基本元素。当放大图像后，可以清楚地发现数字图像由一个个正方形的单色的色块组成，这些色块就是像素。图像由许多以行和列的排列方式排列的像素组成。因此，图像具有连续性的浓淡阶调。

（2）单位尺寸内所含像素点的个数称为分辨率，如 ppi 为像素每英寸。分辨率是屏幕图像的精密度，是指显示器所能显示的像素多少。显示器可显示的像素越多，画面就越精细。也就是说分辨率越高，图像的清晰度就越高，图像占用的存储空间也越大。分辨率通常是以像素数来计量的。像素数越多，其分辨率就越高。

1.1.3　处理图片素材

在 Flash 中不能编辑输入的位图，但如果将位图转换为矢量图就可以方便地改变色彩、外形、删除图像中多余部分等操作。位图转换为矢量图后，可以压缩文件的大小。

1. 将位图转换为矢量图的方法

（1）选择一个位图图像。

（2）执行"修改"→"位图"→"转换位图为矢量图"命令。

（3）在弹出的"转换位图为矢量图"的对话框中进行设置，如图 1-3-5 所示。效果如图 1-3-6 所示。

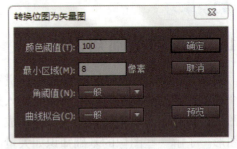

图1-3-5　"转换位图为矢量图"对话框

① 转换前　　　　② 转换后

图1-3-6　转换前后的效果

"转换位置为矢量图"对话框中各选项的含义如下。

颜色阈值：取值范围为 1~500，用于设置描绘位图对象的颜色阈值，该值越小，位图转换为矢量图后失真程度越小，但占用的磁盘空间越大，系统处理的时间也就越长。

最小区域：取值范围为 1~1 000，用于设置描绘为位图时分配的颜色所能够影响到的周围的像素数目。

角阈值：其下拉列表的选项从较多转角到较少转角，决定了保留锐利边缘还是进行平滑处理。

曲线拟合：其下拉列表的选项从像素到非常平滑，决定了绘制轮廓和区域的拟合程度。

2. 去除图片背景

导入位图后有时需要将其不透明的背景去除。

（1）导入位图图像，选择"修改"→"分离"命令或按 Ctrl+B 组合键，将位图分离，使位图转化为可编辑的图形。

（2）单击套索工具的"魔术棒工具"按钮。单击其附属工具"魔术棒设置"按钮，在其弹出的对话框中进行设置，"阈值"文本框中输入"20"，并从"平滑"下拉列表中选择"平滑"选项。

（3）用鼠标在空白处单击取消选定，再使用"魔术棒工具"单击背景，可以看到背景的大部分已被选中。按 Delete 键去除选中的背景，没有清除的部分可以使用"套索工具"圈选，然后再按 Delete 键清除。清除背景后的效果如图 1-3-7 所示。

图 1-3-7 去除背景前后的效果

1.2 辅助工具

为了使 Flash 动画中的某些对象进行精确定位，Flash CC 中提供了"标尺""网格"和"辅助线"等辅助工具，实用方便，可以提高设计质量和效率。

1.2.1 标尺

选择"视图"→"标尺"命令，或按 Ctrl+Shift+R 组合键，可以显示或隐藏标尺。当显示标尺时，舞台的左上角是标尺的零起点，标尺将显示在文档的左沿和上沿，如图 1-3-8 所示。

图 1-3-8 标尺

标尺的度量单位默认是像素，用户可以根据使用习惯更改为其他单位。选择"修改"→"文档"命令，打开"文档设置"对话框，在"单位"下拉列表中选择相应的单位即可，如图 1-3-9 所示。

图 1-3-9 "文档设置"对话框

1.2.2 网格

网格将在文档的所有场景中显示为一系列直线，在制作一些规范图形时，操作会变得更方便，可以提高绘制图形的精确度。选择"视图"→"网格"→"显示网格"命令，或按 Ctrl+' 组合键，可以显示或隐藏网格，如图 1-3-10 所示。

图 1-3-10　网格

选择"视图"→"网格"→"编辑网格"命令，或按 Ctrl+Alt+G 组合键，弹出"网格"对话框，如图 1-3-11 所示，通过该对话框，可以对网格进行编辑。

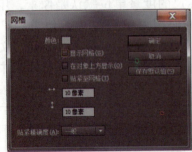

图 1-3-11　"网格"对话框

"网络"对话框中各选项的含义如下。

颜色：用来设置网格的颜色。

显示网格：当选中此复选框时，将在文档中显示网格。

在对象上方显示：若选中此复选框，即可在创建的元件上显示出网格。默认情况下为取消选中状态。

贴紧至网格：用于将场景中的元件紧贴至网格。

水平间距：用来设置网格填充中所用元件之间的水平距离，以像素为单位。

垂直间距：用来设置网格填充中所用元件之间的竖直距离，以像素为单位。

贴紧精确度：用来决定对象必须距离网格多近，才会发生的动作。在此下拉菜单中包括 4 种类型："必须接近""一般""可以远离""总是贴紧"。

保存默认值：用来将当前设置保存为默认值。

1.2.3 辅助线

辅助线也称为参考线，主要起到参考作用。在制作动画时，使用辅助线使对象和图形都对齐到舞台中的某一条横线或纵线上。

要使用辅助线，必须启用标尺。直接在垂直标尺或水平标尺上按住鼠标左键并将其拖曳到舞台上，相应的垂直或水平辅助线会显示出来，默认颜色为绿色，如图 1-3-12 所示。

图 1-3-12　辅助线

选择"视图"→"辅助线"→"编辑辅助线"命令，或按 Ctrl+Shift+Alt+G 组合键，可以弹出"辅助线"对话框，可以修改辅助线的"颜色"等参数，如图 1-3-13 所示。

1.2.5 缩放工具

缩放工具 🔍，用于放大或缩小图形以查看细小部分和进行总览。

缩放工具有以下两个选项。

放大 🔍：将工作区中的图形放大。

缩小 🔍：将工作区中的图形缩小。

提示：若要放大舞台的某个区域，可以选择放大镜工具，然后在舞台上按下鼠标左键拖动细蓝线框，释放鼠标，完成区域的选择后将自动放大所定义的区域。Flash CC 中放大比例最大为 2000%，缩小比例最小为 4%。

1.3 基本绘图工具

Flash CC 的绘图功能越来越强，操作也更加便捷。下面对绘图工具的特点和使用方法进行介绍。

1.3.1 线条工具

线条工具是专门用来绘制直线的工具。选择工具箱中的线条工具，在舞台中按住鼠标并拖曳达到所需要的长度和斜度，释放鼠标即可。"线条工具"属性面板如图1-3-14 所示。

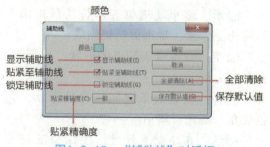

图1-3-13 "辅助线"对话框

"辅助线"对话框中各选项的含义如下。

颜色：用来设置辅助线的填充颜色，默认的辅助线颜色为蓝色。

显示辅助线：当选中该复选框时，则显示辅助线；当取消选中该复选框时，则隐藏辅助线。

贴紧至辅助线：当选中该复选框时，可以使对象贴紧至辅助线；当取消选中该复选框时，则关闭贴紧辅助线功能。

锁定辅助线：选中该复选框，在绘制对象时，辅助线不可移动。

贴紧精确度：用来设置"对齐精确度"。可以从下拉菜单中选择"必须接近""一般"和"可以远" 3 种类别。

全部清除：用来删除当前场景中的所有辅助线。

保存默认值：用来将当前设置保存为默认值。

提示：用户也可以执行"视图"→"辅助线"→"显示辅助线 / 锁定辅助线 / 清除辅助线"命令来显示隐藏、锁定辅助线和删除辅助线。

1.2.4 手形工具

手形工具 🖐 能够帮助用户选择舞台，以便轻松地在工作区域周围的各个方向移动，手形工具没有选项区，使用时在舞台上的任意位置按下鼠标左键拖动即可。

提示：要使用手形工具，必须在"视图"菜单中选择"粘贴板"命令，使工作区域可见，当工作区域不可见时不能使用手形工具。

图1-3-14 "线条工具"属性面板

"线条工具"属性面板中各主要选项的含义如下。

✏️ ▇：设置所绘线条的颜色。

笔触：设置线条的粗细。

样式：设置线条的样式，如图 1-3-15 所示。

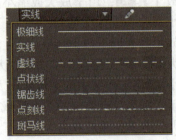

图 1-3-15 "样式"下拉列表

"编辑笔触样式"按钮 ：单击该按钮，打开"笔触样式"对话框，可设置线条的粗细、类型等，如图 1-3-16 所示。

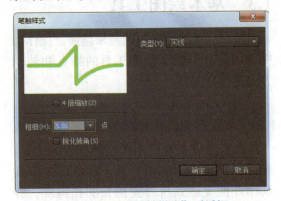

图 1-3-16 "笔触样式"对话框

宽度：设置线条宽度的配置文件，如图 1-3-17 所示。

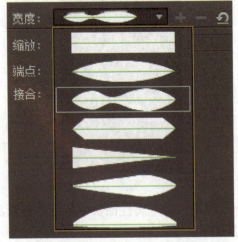

图 1-3-17 "宽度"下拉列表

缩放：用于设置 Player 中包含笔触缩放的类型，包括一般、水平、垂直、无。

提示：选中复选框可以将笔触锚记点保持为全像素，防止出现模糊线。

端点：设置线条端点的形状，包括无、圆角、方形。

接合：设置线条之间接合的形状，包括尖角、圆角、斜角。

提示：在绘制直线时，按住 Shift 键可以绘制水平线、垂直线、45°斜线，按住 Alt 键可以绘制任意角度的直线。

1.3.2 铅笔工具

铅笔工具用于绘制比较随意的线条，选择工具箱中的铅笔工具，在舞台中单击并拖曳鼠标即可绘制线条。

若要绘制平滑线条或伸直线条，在工具箱的"铅笔模式"选项中选择，其中包括"平滑""伸直"和"墨水"3 个选项，如图 1-3-18 所示。

图 1-3-18 "铅笔模式"选项

伸直：选择此模式，绘制出的曲线趋向于规则的图形。

平滑：选择此模式，可以尽可能消除图形边缘棱角，绘制的线条将更加平滑。"属性"面板中的"平滑"选项也会被激活，可更改笔触平滑度。

墨水：选择此模式，可以随意绘制各类线条，不对笔触做任何修改，显示出实际效果。

提示：使用铅笔工具绘制线条时，按住 Shift 键，可将线条控制在水平或垂直方向。

1.3.3 钢笔工具

钢笔工具用于精确地绘制出平滑流畅的直线或曲线。选择钢笔工具或按 P 键调出钢笔工具。使用钢笔工具绘画时，它可以对绘制的图形进行非常准确的控制，单击可以创建直线段上的点，而拖动可以创建曲线段上的点，并可以控制节点、节点方向等，以改变直线段和曲线段的样式。

1. 绘制直线

选择钢笔工具后，在舞台中每单击一下，就会产生一个锚点，并自动与前一个锚点用直线连接。若按住 Shift 键可将线段的角度限制为 45° 的倍数，如图 1-3-19 所示。

图1-3-19　绘制直线

2. 绘制曲线

使用钢笔工具单击并拖动鼠标，拖出构成曲线的方向线，方向线的长度和斜率决定了曲线的形状，如图 1-3-20 所示。

图1-3-22　绘制曲线

提示：无论是绘制直线段或是曲线段，如果要闭合路径，单击第一个锚点即可；如果要保持为开放路径，可按住 Ctrl 键单击舞台的空白处，或是双击绘制的最后一个锚点，也可以按 Esc 键退出绘制。

（1）添加锚点：在钢笔工具组中选择添加锚点工具，然后将笔尖对准要添加锚点的位置单击鼠标即可添加一个锚点。

（2）删除锚点：在钢笔工具组中选择删除锚点工具，在需要删除的锚点上单击即可。

（3）转换锚点：在钢笔工具组中选择转换锚点工具，然后将鼠标移至曲线上需转换的锚点上单击鼠标。

提示：不要使用 Delete 键和 Backspace 键，以及"编辑"→"剪切"和"编辑"→"清除"命令来删除锚点，因为这些键和命令会删除点以及相连的线段。

（4）曲线点与角点转换：如果要将转角点转换为平滑点，按住 Alt 键使用部分选取工具单击并拖动该转角点即可。

如果要将平滑点转换为转角点，可使用钢笔工具单击相应的锚点，当光标旁边出现角标记时，单击锚点即可。

提示：使用转换锚点工具可直接在转角点和平滑点之间转换。

1.3.4　画笔工具

画笔工具与铅笔工具的用法非常相似，都可以绘制任意形状的图形。唯一的区别在于，铅笔工具绘制的是笔触，而画笔工具绘制的是填充属性。在工具箱中选择画笔工具或按 B 键，调出画笔工具，属性面板如图 1-3-21 所示。设置填充颜色、笔触和平滑度，设置完成后在舞台中单击并拖曳鼠标即可绘制形状。

图1-3-21　"画笔工具"属性面板

画笔工具的选项区包括5个功能按钮，会相应的出现此工具的各附加选项。

单击"画笔模式"按钮，在弹出的选项列表中可以选择一种模式进行绘制，如图1-3-22所示。

图1-3-22　"画笔模式"选项

"画笔模式"列表中各选项的含义如下，绘画效果如图1-3-23所示。

标准绘画：所有笔刷经过的区域，可以对同一层的线条和填充涂色。

颜料填充：只能对同一层填充区域和空白区域涂色，不影响线条。

后面绘画：在舞台上同一层的空白区域涂色，不影响线条和填充。

颜料选择：必须要选择一个对象且必须打散，然后在该对象所占的区域内填充。

内部绘画：分为3种状态，画笔工具的起点和结束点都在对象范围以外时，填充空白区域；画笔工具的起点和结束点有一个在对象填充部分以内时，填充不影响线条；画笔工具的起点和结束点都在对象填充部分以内时，填充画笔所经过的部分。

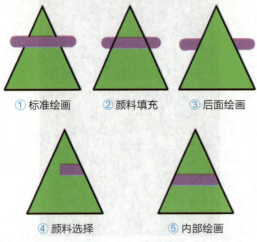

① 标准绘画　② 颜料填充　③ 后面绘画

④ 颜料选择　⑤ 内部绘画

图1-3-23　绘画效果

单击"画笔大小"按钮，在弹出的选项列表中可以选择合适的大小进行绘制。如图1-3-24所示。

单击"画笔形状"按钮，在弹出的选项列表中可以选择画笔的形状，其中包括直线条、矩形和圆形，如图1-3-25所示。

图1-3-27　画笔大小　　图1-3-28　画笔形状

1.3.5　多角星形工具

单击工具箱中的"多角星形工具"，在舞台中单击并拖曳鼠标，可绘制图形。系统默认的是正五边形。在其"属性"面板中，显示多角星形的相关属性，如图1-3-29所示。可对图形的填充颜色和笔触进行设置，单击"选项"按钮，在弹出的对话框中可以设置多边形的边数及所绘图形的样式，如图1-3-30所示。

图1-3-29　"多角星形工具"属性面板

图1-3-30 "工具设置"对话框

"工具设置"对话框中各选项的含义如下。

样式：用来设置所绘制图形的样式，在该下拉列表中包括"多边形"和"星形"两个选项。

边数：用来设置所绘制图形的边数，该数值为3~32。

星形顶点大小：输入一个0~1的数字，以指定星形顶点的深度。此数字越接近0，创建的顶点就越深（像针一样），若绘制多边形，则保持默认设置。设置不同样式、边数、星形顶点大小的效果如图1-3-31所示。

① 多边形、5、0.5　② 星形、8、0.5　③ 星形、8、1

图1-3-31 多边形

1.3.6 矩形工具

在 Flash CC 中，矩形工具组包括矩形工具和基本矩形工具。

矩形工具用于绘制长方形和正方形。单击工具箱中的"矩形工具"，或按 R 键，选择工具箱中的"矩形工具"，在舞台中单击并拖曳鼠标，即可绘制出一个矩形。按住 Shift 键可以绘制正方形。

在绘制矩形之前，可以通过"属性"面板先对矩形的相应参数进行设置，如图1-3-32所示。

图1-3-32 矩形工具"属性"面板

"矩形选项"区域用于指定矩形的角半径。默认情况下数值为0，创建的是直角矩形；输入正值，创建圆角矩形效果；输入负值，创建反半径效果，如图1-3-33所示。

① ② ③

图1-3-33 角半径不同情况下绘制的矩形

取消选择限制角半径图标，可以在每个文本框中单独输入内径的数值，分别调整每个角半径，如图1-3-34~图1-3-35所示。

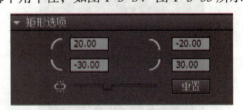

图1-3-34 调整每个角的半径

图1-3-35 单独设置角半径后绘制的矩形

在使用矩形工具绘制矩形时，拖动鼠标的同时按"↑""↓"方向键，可一边绘制矩形一边调整圆角半径。

提示：单击工具箱中的"矩形工具"，按住 Alt 键在舞台空白位置单击，将弹出"矩形设置"对话框，如图 1-3-36 所示。

图1-3-36 "矩形设置"对话框

1.3.7 椭圆工具

在 Flash CC 中，椭圆工具组包括椭圆工具和基本椭圆工具。

椭圆工具是用来绘制椭圆或正圆的工具。单击工具箱中的"椭圆工具"或按 O 键，选择工具箱中的椭圆工具在舞台中单击并拖曳鼠标，即可绘制出一个椭圆，按住 Shift 键可以绘制正圆。

在绘制椭圆之前，可以通过"属性"面板先对椭圆的相应参数进行设置，如图 1-3-37 所示。

图1-3-37 椭圆工具"属性"面板

"椭圆工具"属性面板中主要选项的含义如下。

开始角度/结束角度：用来设置椭圆的开始点角度和结束点角度。用于绘制扇形及其他有创意的形状，如图 1-3-38 所示。

图1-3-38 设置不同开始角度和结束角度绘制的形状

内径：用于调整椭圆的内径，可以在文本框中输入内径的数值，或拖动滑块相应地调整内径的大小。可以输入 0~99 的值，以表示删除填充的百分比。设置为不同内径绘制的图形效果如图 1-3-39 所示。

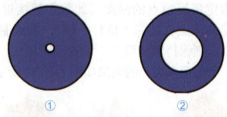

图1-3-39 设置不同内径绘制的图形

闭合路径：此复选框确定椭圆的路径是否闭合。如果指定了一条开放路径，取消选中复选框，不会对生成的形状应用任何填充，则仅绘制笔触。默认情况下选择闭合路径，如图 1-3-40 所示。

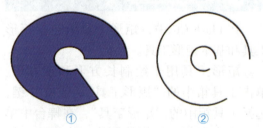

图1-3-40 设置开放路径时绘制的图形

重置：单击该按钮，"椭圆选项"选项区域中的各参数将恢复到系统默认状态，可重新进行设置。

提示：按住 Alt 键，在舞台中单击并拖曳鼠标，以单击点为中心向四周扩散绘制椭圆形；按住Shift+Alt组合键，在舞台中单击并拖曳鼠标，以单击点为中心向四周扩散绘制正圆形。单击工具箱中的"椭圆工具"，按住Alt键在舞台空白位置单击，将弹出"椭圆设置"对话框，如图1-3-41所示。

图1-3-41 "椭圆设置"对话框

知识延伸：基本矩形工具或基本椭圆工具和矩形工具或椭圆工具作用是一样的。

使用"基本矩形工具"或"基本椭圆工具"创建矩形或椭圆时，与使用对象绘制模式创建的形状不同，Flash会将形状绘制为独立的对象即图元对象，如图1-3-42所示。

基本形状工具可让用户通过"属性"面板中的控件，指定矩形的角半径以及椭圆的起始角度、结束角度和内径。创建基本形状后，可以选择舞台上的形状，然后调整"属性"面板中的控件来更改半径和尺寸。

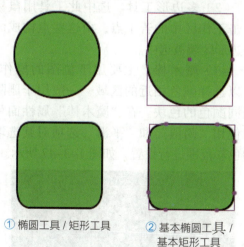

① 椭圆工具 / 矩形工具　② 基本椭圆工具 / 基本矩形工具

图1-3-42 椭圆和矩形形状

使用基本矩形工具或基本椭圆工具与使用矩形工具或椭圆工具，绘制的矩形或椭圆的区别在于，使用基本矩形工具或基本椭圆工具绘制图形，可以直接使用"选择工具"拖动调整形状，而无须重新绘制。

提示：通过基本矩形工具或基本椭圆工具创建的图形可通过打散得到普通的矩形和椭圆。

1.4 选择对象工具

编辑对象前，首先要选择对象，Flash CC提供了选择工具、部分选取工具及套索工具等。

1.4.1 选择工具

"选择工具"是最常用的一种工具。在工具箱中单击"选择工具"或按V键，调用"选择工具"。

1. 选择填充区域

单击工具箱中的"选择工具"，单击填充区域内部，此区域内部被选中。双击填充内部，整个区域都被选中。

2. 选择线条

单击工具箱中的"选择工具"，单击某一线条，此线条选中。双击线条，则与此线条相连的所有线条同时选中。

3. 选择不同区域内的对象

单击工具箱中的"选择工具"，先选择一个对象，按住Shift键再依次选择其他要选择的对象，可以选择不同区域中的多个对象。

4. 框选某个区域内的对象

单击工具箱中的"选择工具"，在空白区域按住鼠标左键不放，拖曳鼠标框选出一个矩形范围，选择的对象包含在矩形范围内。

5. 取消选择对象

若全部取消对象选择，则可在工作区空白区域单击。若取消选择的多个对象中的某个对象，则需要先按住Shift键，再使用鼠标单击该对象即可。

6. 修改图形

（1）单击工具箱中的"选择工具"，将鼠标指针移至线条的端点上方时，鼠标指针右下角会出现一个拐角，单击并拖动鼠标，可调整端点的位置，则线条将延长或缩短，如图1-3-43所示。

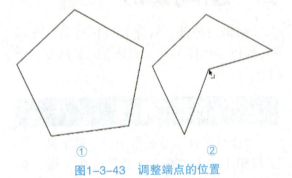

图1-3-43　调整端点的位置

（2）将鼠标指针移至线条的上方时，鼠标指针右下方会现出一条弧线，单击并拖动鼠标，可将直线转换为曲线，并调整线条的形状，如图1-3-44所示。

图1-3-44　调整线条的形状

3.4.2 部分选取工具

部分选取工具用于小范围内的调整。在工具箱中选择部分选取工具或按A键，调用部分选取工具。用部分选取工具选择对象后，该对象周围将出现许多节点，可以用于选择线条、移动线条和编辑锚点及方向锚点。鼠标指针变为空心方块可调整节点位置；鼠标指针变为实心方块可以移动整个图形；鼠标指针变为实心三角形可以调整与该节点相连的线段的弯曲程度。可以精确地控制贝塞尔曲线的走向，获得理想效果，如图1-3-45所示。

图1-3-45　使用部分选取工具调整图形

3.4.3 套索工具

套索工具主要用于自由选择不规则区域。套索工具组有3种工具：套索工具、魔术棒、多边形工具，如图1-3-46所示。

图1-3-46　套索工具

（1）套索工具。单击工具箱中的"套索工具"，在舞台中单击并拖动鼠标圈出要选择的范围。

（2）多边形工具。选中此工具用鼠标单击工作区中的若干点，由这些点构成的多边形区域被选中。

（3）魔术棒。主要用于位图的操作，可以选择颜色相近的区域，一般用于删除相同颜色的色块。在"魔术棒"属性面板中使用"阈值"和"平滑"选项对其选取的色彩范围进行设置，如图1-3-47所示。

图1-3-47　魔术棒"属性"面板

阈值：用于定义一个范围，在这个范围内与所选的颜色相匹配的颜色都将选中。数值与容差范围成正比，"0"表示选择与所选颜色完全匹配的像素；"100"表示选择所有的像素。

平滑：定义位图边缘的平滑程度。包括像素、粗略、一般、平滑。

3.5 颜色填充工具

Flash CC 中，提供了常用的颜料桶工具、墨水瓶工具、吸管工具等，制作出丰富的填充效果，熟练、恰当地应用调色板是前提。

1. 笔触和填充颜色的使用

单击工具箱中的笔触颜色按钮和填充颜色按钮，如图 1-3-48 所示，弹出颜色选择面板，如图 1-3-49 所示。

图1-3-48　颜色按钮

图1-3-49　颜色选择面板

除此之外，还可以在"属性"面板中对笔触和填充进行更精确的设置，如图 1-3-50 所示。

图1-3-50　"属性"面板

2. 填充效果

选择"窗口"→"颜色"命令或按 Ctrl+Shift+F9 组合键调出颜色面板，其功能更加强大，如图 1-3-51 所示。

图1-3-51　颜色面板

在类型下拉列表中有 5 个选项。

无：选中此项时，填充色为无色，绘制出的图形只有轮廓线。

纯色：此选项设置一种单一的填充色，

选用纯色无法使用渐变。

线性渐变：此选项创建的渐变色从起始点到终点为一条直线，在渐变彩条下方有若干个颜色的指针，分别代表若干个渐变关键色，用户可自定义渐变的颜色，只需单击所要编辑的颜色指针，然后在填充颜色栏中选择所需的颜色。在两个指针任意位置单击可以插入新的指针，删除指针时用鼠标拖至彩条下方之外即可。

径向渐变：选择此选项创建的渐变色从中心焦点出发沿环形向外扩散的混合渐变。

位图填充：用于自定义位图填充，在类型的下拉列表中选择"位图填充"选项，系统将自动打开"导入到库"对话框，选中一个或多个位图文件后，该文件将被自动增加到颜色面板中。

3. 使用渐变变形工具编辑渐变色填充

渐变变形工具用于对填充后的颜色进行修改，利用该工具可方便地对填充效果进行旋转、拉伸、倾斜、缩放等各种变换，如图1-3-52~图1-3-54所示各控制点的名称。

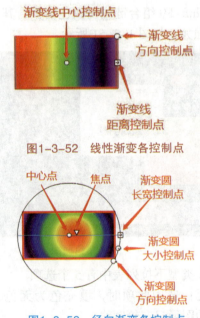

图1-3-52　线性渐变各控制点

图1-3-53　径向渐变各控制点

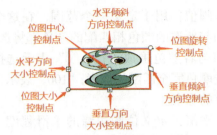

图1-3-54　位图填充各控制点

3.5.1　颜料桶工具

颜料桶工具用于填充颜色、渐变色以及位图到封闭区域。不但可以填充空白区域、不完全闭合的区域，还可以对所填充的颜色进行修改。

选择工具箱中的颜料桶工具或按K键，调用颜料桶工具，在工具箱底部会出现相应的颜料桶工具选项，如图1-3-55所示。

图1-3-55　颜料桶工具选项

空隙大小：该选项用于定义多大空隙的图形可以被填充，包括"不封闭空隙""封闭小空隙""封闭中等空隙"和"封闭大空隙"4个选项，如图1-3-56所示。

图1-3-56　空隙大小选项

提示：如果要在填充形状之前手动封闭空隙，选择"不封闭空隙"选项。如果空隙太大，无法完成填充，可能必须手动封闭它们。

锁定填充：当使用渐变填充或位图填充时，可以将填充区域的颜色变化规律锁定，开启该功能后就不能再应用其他渐变，而渐变之外的颜色也不会受到任何影响。

3.5.2 墨水瓶工具

墨水瓶工具用于修改图形中笔触部分的颜色、笔触宽度和样式。

选择工具箱中的墨水瓶工具或按 S 键，调用墨水瓶工具，在"属性"面板中设置笔触参数。选择合适的线形，单击场景中需要修改的线条，即可为图形和打散的文字描边，如图 1-3-57 所示。

图1-3-58 拾取填充笔触

图1-3-59 笔触填充

（2）如果单击的是"填充"，则自动变成颜料桶工具。在拾取渐变色应用于其他图形，应用时取消锁定填充即可，否则将是单色填充，如图 1-3-60~图 1-3-61 所示。

图1-3-57 墨水瓶工具"属性"面板

图1-3-60 拾取填充色

图1-3-61 填充颜色

3.5.3 吸管工具

吸管工具类似于格式刷。它可以拾取舞台指定位置的笔触、填充、位图等颜色属性应用于其他对象。经常与墨水瓶工具和颜料桶工具配合使用。

选择工具箱中的吸管工具或按 I 键，即可调用吸管工具。

（1）在使用吸管工具拾取笔触填充类型时，如果单击的是"笔触"，则自动变成墨水瓶工具，如图 1-3-58~图 1-3-59 所示。

（3）吸管工具不但可以拾取位图中的某个颜色，还可以将整幅图片作为元素，填充到图形中，如图 1-3-62 所示。

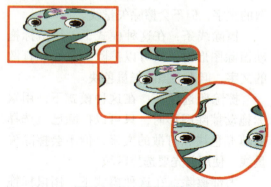

图1-3-62 用位图填充

3.6 橡皮擦工具

橡皮擦工具主要用来擦除舞台上的对象，选中工具箱中的橡皮擦工具或按 E 键，即可调用橡皮擦工具。在工具箱底部会出现相应的橡皮擦工具选项，如图 1-3-63 所示。

图 1-3-63 橡皮擦工具选项

3.6.1 橡皮擦模式和水龙头工具

1. 橡皮擦模式

单击"橡皮擦模式"按钮，出现擦除模式的 5 个选项，如图 1-3-64 所示。

图 1-3-64 "橡皮擦模式"选项

标准擦除：系统默认的擦除模式，可以擦除矢量图形、线条、打散的位图和文字。

擦除填色：在这种模式下，用鼠标拖动擦除图形时，只可以擦除填充色块和打散的文字，但不会擦除矢量线。

擦除线条：在这种模式下，用鼠标拖动擦除图形时，只可以擦除矢量线和打散的文字，但不会擦除矢量色块。

擦除所选填充：在这种模式下，用鼠标拖动擦除图形时，只可以擦除已被选择的填充色块和打散的文字，但不会擦除矢量线。使用前先要选择区域。

内部擦除：在这种模式下，用鼠标拖动擦除图形时，只可以擦除连续的、不能分割的填充色块。在擦除时，矢量色块被分为两部分，而每次只能擦除一个部分的矢量色，即每次只可擦除矢量线或矢量色块之一。

提示：使用橡皮擦工具时，按住 Shift 键不放，在舞台上单击并沿水平方向拖动时进行水平擦除。在舞台上单击并沿垂直方向拖动时进行垂直擦除。在工具箱中双击"橡皮擦工具"，将擦除舞台上的所有对象，如图 1-3-65 所示。

2. 水龙头工具

选择水龙头工具之后，鼠标指针变成水龙头形状，此时就可以使用水龙头工具擦除对象。

水龙头工具与橡皮擦工具的区别在于，橡皮擦只能进行局部擦除，而水龙头工具可以一次性擦除。只需单击线条和填充区域中的某处就可以擦除线条和填充区域，它的作用相当于先选择线条和填充区域，然后按 Delete 键，如图 1-3-65（6）所示。

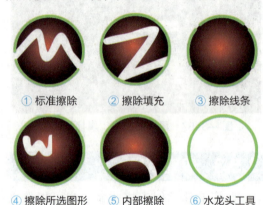

① 标准擦除　② 擦除填充　③ 擦除线条
④ 擦除所选图形　⑤ 内部擦除　⑥ 水龙头工具

图 1-3-65 橡皮擦模式和水龙头工具

3.6.2 橡皮擦形状

打开橡皮擦形状下拉列表，可以看到 Flash CC 提供了 10 种大小不同的橡皮擦形状选项，其中圆形和矩形的橡皮擦各 5 种，用鼠标单击可选择橡皮擦形状，如图 1-3-66 所示。

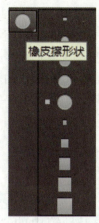

图1-3-66　橡皮擦形状

提示： 在舞台上创建的矢量文字或导入的位图都不可以直接使用橡皮擦工具擦除，必须先使用"修改"→"分离"命令或按 Ctrl+B 组合键，将文件和位图打散后才能够擦除。

3.7　3D转换工具

3D转换工具用于在舞台的3D空间中移动和旋转影片剪辑来创建3D效果。选中工具箱中的3D转换工具或者按 W 键或 G 键，即可调用3D转换工具。在工具箱的3D转换工具组中包括3D平移工具和3D旋转工具，如图1-3-67所示。

图1-3-67　3D旋转工具

将两种效果中的任意一种应用于影片剪辑后，Flash 会将其视为一个3D影片剪辑，选择该影片剪辑时就会显示一个重叠在其上的彩轴指示符。X 轴为红色、Y 轴为绿色、Z 轴为蓝色。

3.7.1　3D平移工具

使用3D平移工具可以在3D空间中移动影片剪辑实例，选择3D平移工具后在影片剪辑实例上单击，影片剪辑的 X 轴、Y 轴和 Z 轴都将显示在对象上。影片剪辑中间的黑点，即为 Z 轴控件，如图1-3-68所示。

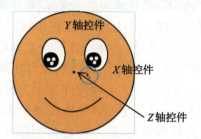

图1-3-68　3D平移控件

若要移动3D空间中的单个对象，可以执行以下操作。

（1）选择3D平移工具，在选项区选择贴紧至对象和全局转换模式。

（2）用3D平移工具选择舞台上的一个影片剪辑实例。将鼠标指针分别移到 X、Y、Z 轴控件上，此时鼠标指针变为 形状。

（3）按控件箭头方向按下鼠标左键拖动，即可沿所选轴移动对象。

（4）沿 X 轴和 Y 轴移动对象时，对象将沿水平方向和垂直方向直线移动，图像大小不变。沿 Z 轴移动对象时，对象大小发生变化，从而使对象看起来离观察者更近或更远。

还可以通过"属性"面板修改各轴数值，实现平移，如图1-3-69所示。

图1-3-69　3D平移工具"属性"面板

3.7.2　3D旋转工具

使用3D旋转工具可以在3D空间中旋转影片剪辑实例，选择3D旋转工具后在影片剪辑实例上单击，3D旋转控件出现在特定的选定对象上。X轴控件显示为红色、Y轴控件显示为绿色、Z轴控件显示为蓝色、自由旋转控件显示为橙色，如图1-3-70所示。

图1-3-70　3D旋转控件

若要旋转3D空间中的单个对象，可以执行以下操作。

（1）选择3D旋转工具，在选项区选择贴紧至对象和全局转换模式。

（2）用3D旋转工具选择舞台上的一个影片剪辑实例。3D旋转控件将显示为叠加在所选对象上，如果这些控件出现在其他位置，双击控件的中心点，可将其移动到选定的对象。

（3）将鼠标指针分别移动到XYZ轴和自由旋转控件之上，鼠标指针形状将会发生相应变化。

（4）拖动一个轴控件即可绕该轴旋转，或拖动自由旋转控件，同时绕X轴和Y轴旋转。

3.8　编辑图形对象

在Flash CC中，图形对象绘制完成后经常需要用各种编辑工具对图形进行修改编辑，达到所需效果。

3.8.1　任意变形工具

选择工具箱中的任意变形工具或者按Q键或F键，即可调用任意变形工具。同时在选项区出现5个按钮。分别是紧贴至对象、旋转与倾斜、缩放、扭曲、封套。在Flash中可以单独执行某个变形命令，也可以将移动、旋转、缩放、倾斜和扭曲等多个变形命令组合在一起执行，如图1-3-71所示。

图1-3-71　"任意变形工具"选项

（1）单击工具箱中的"任意变形工具"，选择舞台中的对象，对象周围将出现变形框，如图1-3-72所示。

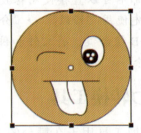

图1-3-72　出现变形框

所选对象的周围移动鼠标指针，鼠标指针会发生变化，指明哪种变形功能可用。

（2）将鼠标放在边框内的对象上，鼠标变为形状，单击并拖动鼠标，可将对象移动到其他位置，在此操作中，不要拖动变形点。

（3）将鼠标放置在角手柄的外侧，鼠标变为形状，单击并拖动鼠标，可旋转所选对象。按住Shift键拖动鼠标旋转对象时，可以使对象以45°增量旋转。按住Alt键，可以使对象围绕中心点进行旋转。

（4）水平或垂直拖动角手柄或边手柄可以沿各自的方向进行缩放。

（5）将鼠标放置在变形手柄之间的轮廓上，鼠标变为形状或形状，单击并拖动鼠标可水平或垂直倾斜对象。

（6）按住Ctrl键，将鼠标放置在角手柄外侧，鼠标变为形状，拖动鼠标即可对对象进行变形操作。

（7）同时按住Ctrl键和Shift键，将鼠标放置在角手柄外侧，鼠标变为形状，拖动鼠标可以将所选的角及其相邻角从它们的原始位置一起移动相同的距离，如图1-3-73所示。

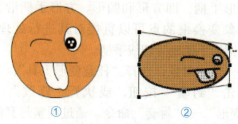

① ②

图1-3-73 将对象变形

（8）使用"修改"→"变形"菜单中的选项，可以将图形对象、组、文本块和实例进行变形，如图1-3-74所示。

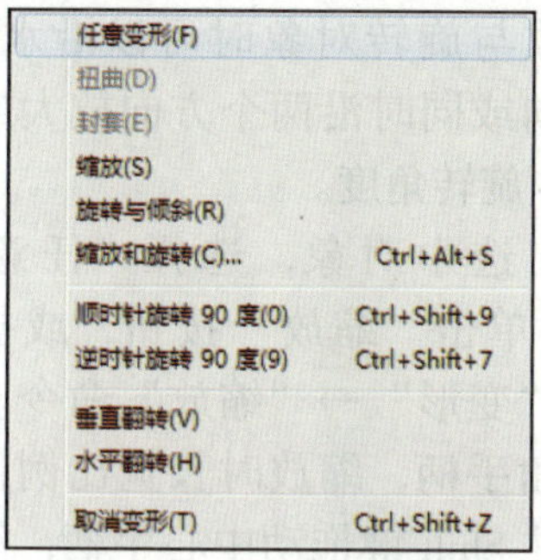

图1-3-74 "变形"菜单

（9）选择"修改"→"变形"→"任意变形"命令，图形四周将出现变形框，变形点显示在图形的中心，单击并拖动变形点，可以更改变形点的位置，双击变形点，可以使变形点与元素的中心点重新对齐，如图1-3-75所示。

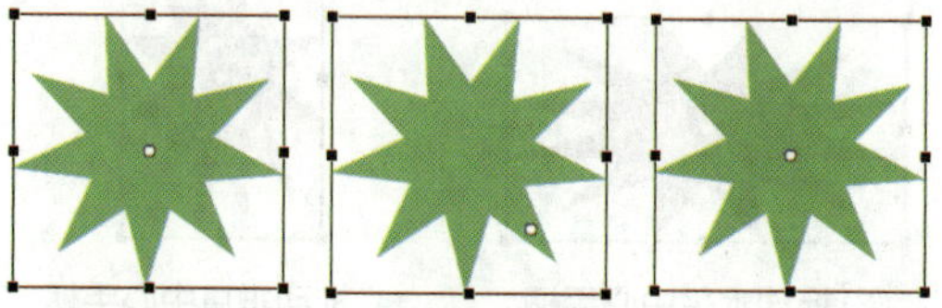

① 任意变形点在中心　② 拖动更改变形点位置　③ 双击变形点与中心点重新对齐

图1-3-75 变形点

（10）在"信息"面板中可以精确调整对象的位置和大小。选择"窗口"→"信息"命令，打开"信息"面板，在该面板中单击"注册/变形点"按钮，按钮的右下

方会变成一个圆圈，表示已显示注册点坐标，如图1-3-76所示。

图1-3-76 "信息"面板

"信息"面板中主要选项的含义如下。

宽：在该文本框中输入选中对象的宽度值。

高：在该文本框中输入选中对象的高度值。

X：在该文本框中输入选中对象的横坐标值。

Y：在该文本框中输入选中对象的纵坐标值。

（11）执行"窗口"→"变形"命令，打开"变形"面板，在该面板中可输入精确参数值，精确地对对象进行缩放、旋转和倾斜等操作，如图1-3-77所示。

图1-3-77 "变形"面板

"变形"面板中各选项的含义如下。

缩放：在"面板"顶部的文本框中输入数值，可指定水平和垂直的缩放值。单击"约束"按钮，可保持图形对象的比例不变。

旋转：选中该单选按钮，可旋转图形对象，在"旋转"文本框中可设置对象旋转的角度。

倾斜：选中该单选按钮，可使图形对象按指定的角度倾斜，在"水平倾斜"和"垂直倾斜"文本框中输入数值，可指定对象在水平和垂直方向上的倾斜角度。

3D 旋转：在不同的方向文本框中输入相应参数，可对影片剪辑实例进行旋转。

3D 中心点：使用该选项可修改影片剪辑实例的中心点位置。

水平翻转所选内容：单击该按钮，以竖直轴为对称轴，水平翻转对象。

垂直翻转所选内容：单击该按钮，以水平轴为对称轴，垂直翻转对象。

重置选区和变形：单击该按钮，可创建所选图形对象的变形副本。

取消变形：单击该按钮，可使面板中的各个选项恢复到默认的设置。

3.8.2 扭曲与封套

（1）扭曲工具可以对对象进行任意变形的同时进行扭曲。

选中对象，选择"任意变形工具"，并单击"扭曲"按钮，或执行"修改"→"变形"→"扭曲"命令，通过拖动边框上的角控制点和边控制点来移动角或边，达到扭曲的透视效果，如图 1-3-78 所示。

（2）封套变形工具可对图形进行任意形状的弯曲或扭曲修改，弥补扭曲变形工具达不到的局部变形效果。

封套是一个边框，变换框上存在两种变形手柄，即方形和圆形。方形手柄沿着对象变换框的点可以直接对其进行处理，而圆形手柄则为切线手柄。

选中对象，选择"任意变形工具"，并单击"封套"按钮，或执行"修改"→"变形"→"封套"命令。通过调整封套的点和切线手柄来编辑封套形状，即可对对象进行任意形状的修改。

3.8.3 缩放与旋转

缩放与旋转对象时可以沿水平方向、垂直方向或同时沿两个方向放大或缩小对象并控制旋转角度。

（1）选中对象，选择"任意变形工具"，并单击"缩放"按钮，或执行"修改"→"变形"→"缩放"命令。拖动变形框的角手柄，缩放时长宽比例仍保持不变。按住 Shift 键拖动中心手柄，沿水平或垂直方向缩放对象，如图 1-3-79 所示。

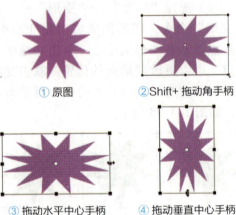

①原图　②Shift+拖动角手柄
③拖动水平中心手柄　④拖动垂直中心手柄

图 1-3-79　缩放和旋转图形

（2）选择图形对象，执行"修改"→"变形"→"缩放和旋转"命令，弹出"缩放和旋转"对话框，通过该对话框可以精确控制对象的缩放比例和旋转角度，如图 1-3-80 所示。

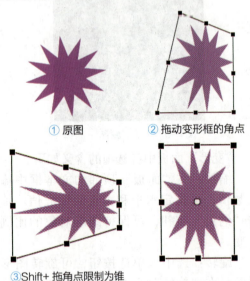

①原图　②拖动变形框的角点
③Shift+拖角点限制为锥化　④拖动变形框的中点

图 1-3-78　扭曲图形

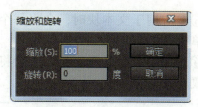

图1-3-80 "缩放和旋转"对话框

3.8.4 旋转与倾斜

使用旋转与倾斜工具可以对对象进行旋转与倾斜操作。旋转对象会使该对象围绕其变形点旋转。

选择图形对象,执行"修改"→"变形"→"旋转与倾斜"命令,拖动角手柄旋转对象,拖动中心手柄倾斜对象,如图1-3-81所示。

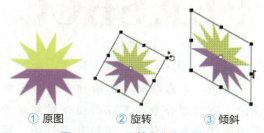

① 原图　　② 旋转　　③ 倾斜

图1-3-81 旋转和倾斜对象

3.8.5 合并对象

在绘制矢量图形时,使用椭圆、矩形和刷子工具绘图时,选择工具箱下方的对象绘制工具,进行对象绘制。合并对象是用设置为"绘制"模式的工具所绘制的形状。通过合并对象操作可以改变现有对象来创建新形状。一般情况下,所选对象的堆叠顺序决定了操作的工作方式。

选择绘制好的对象,执行"修改"→"合并对象"命令,在子菜单中选择相应命令,如图1-3-82所示。

图1-3-82 "合并对象"菜单

"合并对象"菜单中各选项的含义如下。

删除封套:用于删除对象上的封套。

联合:可以将两个或多个形状合成,生成一个联合前面形状上所有可见的部分,删除形状上不可见的重叠部分的"对象绘制"模式形状,如图1-3-83所示。

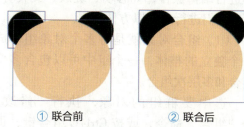

① 联合前　　　　② 联合后

图1-3-83 联合图像

交集:可以将两个或多个绘制对象重叠部分,生成使用重叠最上面的形状的填充和笔触的"对象绘制"形状。

打孔:可以删除选定绘制对象的某些部分,生成由最上面的对象所覆盖的所有部分,并完全删除最上面的对象的"对象绘制"形状。

裁切:可以使用一个绘制对象的轮廓裁切另一个绘制对象。生成由前面或最上面的对象定义裁切区域的形状,保留下层对象中与最上面的对象重叠的所有部分,而删除下层对象的所有其他部分,并完全删除最上面的对象,如图1-3-84所示。

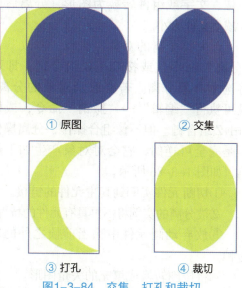

① 原图　　　　② 交集

③ 打孔　　　　④ 裁切

图1-3-84 交集、打孔和裁切

提示：交集和裁切的区别在于，交集保留上面的图形，裁切保留下面的图形。

3.8.6 组合与分离

在 Flash CC 中，如果要将多个对象整体进行编辑操作，如移动、缩放、旋转等，可对它们进行组合以方便编辑。

（1）组合对象就是将多个对象组合成一个独立的整体，一个组中可以包含多个组合和多层次组合。

选中要群组的对象，执行"修改"→"组合"命令，或按 Ctrl+G 组合键，即可将选中对象组合，若要取消对象的组合，可执行"修改"→"取消组合"命令，或按 Ctrl+Shift+G 组合键。还可以双击组合对象，进入组的编辑状态，如图 1-3-85 所示。

①组合前　　　　②组合后

图 1-3-85　组合前后效果

（2）分离对象与组合对象相反，可以将组、实例、位图分离为单独的可编辑元素。使用"分离"命令可以将图形的组合、图像、文字或组件转换为图形，分离后可以减小文件大小。

选中要分离的对象，执行"修改"→"分离"命令，或按 Ctrl+G 组合键，即可将选中对象分离。若要取消对象的分离，虽可执行"编辑"→"撤销"命令，或按 Ctrl+Z 组合键。但不像组合操作，分离操作不是完全可逆的，它会对对象产生如下影响，如图 1-3-86 所示。

①切断元件实例到其主元件的链接。

②被分离的实例将不再具有元件的特性。

③放弃动画元件中除当前帧之外的所有帧。

④将位图转换成填充的矢量图形。

⑤在应用于文本块时，会将每个字符放入单独的文本块中。

⑥应用于单个文本字符时，会将字符转换成轮廓矢量图形。

①分离前

②分离一次

FLASHCC

③分离两次

图 1-3-86　分离对象

提示：分离命令与取消组合命令不能混淆。取消组合命令可以将组合对象分开返回到组合前的状态，不能分离位图、实例或文字，以及将文字转换成轮廓。

3.8.7 排列与对齐

Flash 中需要对图形对象进行规则的排列位置，以及调整图形对象的堆叠顺序，可使用"排列"和"对齐"命令，将动画中的图形整齐排列，均匀分布。

1. 排列对象

创建对象时是按照创建的先后顺序排列位置的，即最早创建的对象在最下面一层，最新创建的对象放在最上面一层。用户可以根据需要对对象的层叠顺序进行更改。

选中对象，选择"修改"→"排列"命令，在其子菜单中提供了多种堆叠图形的方式，如图 1-3-87 所示。

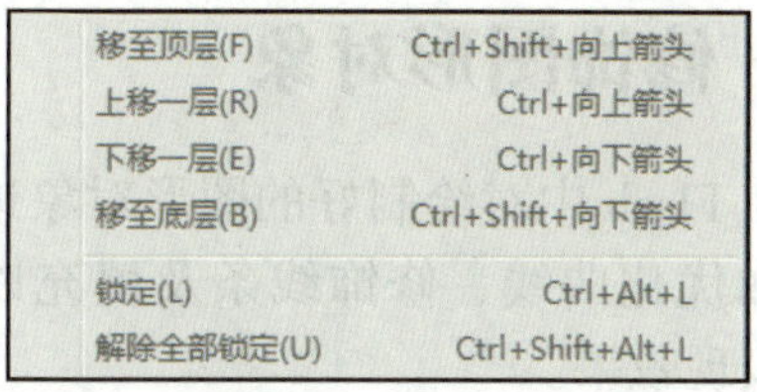

图1-3-87 "排列"菜单

提示：绘制的线条和形状，总是在组、绘制对象和元件的下面，要将它们移动到对象的上面，必须组合它们或将它们转变成元件。如果选择了多个组，所选择的组对象将同时排列并且它们之间的相对顺序保持不变。以上命令用于同一图层中对象之间的排列关系，不同图层的排列要用到图层的调整。

2. 对齐对象

对象的对齐包括对象与对象的对齐及对象与舞台的对齐，以确定多个对象之间的相对位置。

选中对象，选择"修改"→"对齐"命令，通过其子菜单进行对齐操作，如图1-3-88所示。或执行"窗口"→"对齐"命令，或按Ctrl+K组合键，打开"对齐"面板，通过该面板将对象进行对齐设置，如图1-3-89所示。

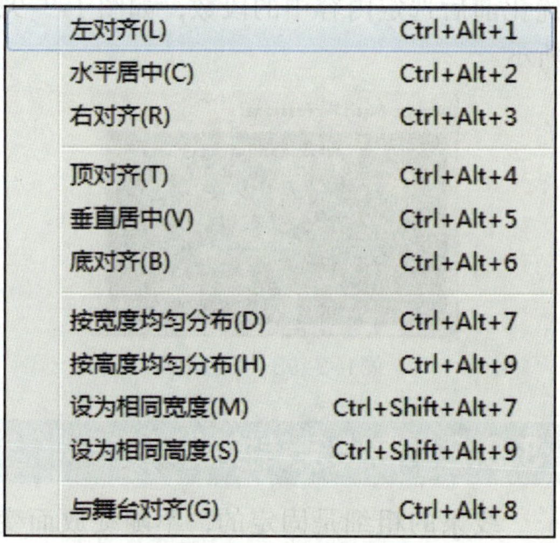

图1-3-88 "对齐"菜单

图1-3-89 "对齐"面板

"对齐"面板中各选项含义如下。

对齐：包括左对齐、水平中齐、右对齐、顶对齐、垂直对齐和底对齐6种对齐方式，如图1-3-90所示。

图1-3-90 对齐方式

分布：包括顶部分布、垂直居中分布、底部分布、左侧分布、水平居中分布和右侧分布6种分布对象方式。这6种"分布"方式与6种"对齐"方式相对应。

匹配大小：用于调整多个选定对象的大小，是以对象中的宽度或高度最大值为基准。此选项包括的匹配方式分别为匹配宽度、匹配宽和高及匹配高度3种，如图1-3-91所示。

① 原图

② 匹配宽度

③ 匹配高度

④ 匹配宽和高

图1-3-91　匹配方式

间隔：用于垂直或水平方向上等距分布选定的对象，分为垂直平均间隔和水平平均间隔方式。

与舞台对齐：选中此复选框，可将对齐和分布等上述选项相对于舞台进行操作。

3.9 修饰图形对象

在Flash中对绘制好的图形对象进行修饰，如优化曲线、修饰线条及填充以达到最佳表现效果。

3.9.1 优化曲线

优化功能通过改进曲线和填充轮廓，减少用于定义这些元素的曲线数量来平滑曲线。以减小源文件（*.fla）、导出文件（*.swf）的大小。

选中对象，执行"修改"→"形状"→"优化"命令，弹出"优化曲线"对话框，如图1-3-92所示。

图1-3-92　"优化曲线"对话框

优化强度：用来设置对曲线优化的强度，可以输入0~100之间的数值。

显示总计消息：选中该复选框，对曲线进行优化后，系统会弹出提示框，显示优化前后选定内容中的段数，如图1-3-93所示。

图1-3-93　提示框

3.9.2 将线条转换成填充

线条的粗细是固定的，不随缩放而变化。为了将线条呈现特殊效果，需要将线条转换成填充，使其拥有填充属性以方便对其进行编辑。

项目1 开启动画之门

选择一条或多条线条，执行"修改"→"形状"→"将线条转换为填充"命令，选定的线条将转换为填充形状，在"属性"面板中观察属性的区别，如图1-3-94所示。

① 原图　　　② 扩展　　　③ 插入

图1-3-96　扩展填充

3.9.4　柔化填充边缘

柔化填充边缘与扩展填充命令相似。可对图形的轮廓进行放大或缩小，并使填充形状对象边缘产生类似模糊的效果，需要对图形的边缘进行柔化处理。

选择要柔化的填充区域，执行"修改"→"形状"→"柔化填充边缘"命令，弹出"柔化填充边缘"对话框，如图1-3-97所示。

①　　　　　　　　②

图1-3-94　（红色）线条转换（渐变）填充对比图

3.9.3　扩展填充

扩展填充对象的形状，完成形状对象的扩展或收缩操作。

选择一个填充形状，执行"修改"→"形状"→"扩展填充"命令，弹出"扩展填充"对话框，如图1-3-95所示。

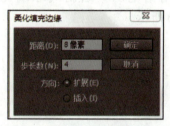

图1-3-97　"柔化填充边缘"对话框

距离：用来设置柔边的宽度。

步长数：用来设置柔边效果的曲线数。使用的步骤数越多，效果就越平滑。增加步骤数还会使文件变大并降低绘画速度。

方向：用来设置柔化的方向。选中"方向"单选按钮，柔化边缘时形状放大。选中"插入"单选按钮，柔化边缘时形状缩小，如图1-3-98所示。

图1-3-95　"扩展填充"对话框

距离：用来设置"扩展"或"插入"的大小。

方向：用来设置形状填充对象扩展的方向。选中"扩展"单选按钮，填充对象将扩大，选中"插入"单选按钮，填充对象将缩小，如图1-3-96所示。

① 原图　　　② 扩展　　　③ 插入

图1-3-98　柔化填充边缘

41

探究活动

实战演练：

使用线条工具绘制降落伞雏形，如图1-3-99所示。

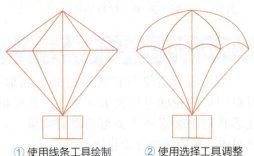

① 使用线条工具绘制　　② 使用选择工具调整

图1-3-99　使用线条工具绘制降落伞雏形

实战演练：

使用铅笔工具绘制气球线绳，如图1-3-100所示。

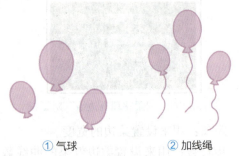

① 气球　　　　　　　② 加线绳

图1-3-100　绘制气球线绳

实战演练：

使用钢笔工具七点绘制心形，如图1-3-101所示。

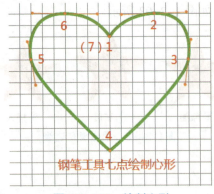

图1-3-101　绘制心形

实战演练：

使用画笔工具绘制白漆栅栏，效果如图1-3-102所示。

图1-3-102　使用画笔工具绘制的漆栅栏

实战演练：

使用多角星形工具绘制天空中的星星，效果如图1-3-103所示。

图1-3-103　绘制星星

实战演练：

绘制夜晚的房子，效果如图1-3-104所示。

（1）创建一个新文档，默认舞台大小，设置背景为蓝色。

（2）选择工具箱中的线条工具和矩形工具绘制一个三角形和一个矩形。

（3）绘制若干个白色的小矩形，在绘制白色小矩形时，借助"视图"→"网格"命令，按Ctrl键或Alt键，在舞台上全部绘制好，然后按Ctrl+G组合键将其组合，拖到大矩形中完成房子的绘制。

（4）选中房子图形，执行"修改"→"组合"命令或按Ctrl+G组合键将图形组合起来。按Ctrl键或Alt键复制两个房子，并调整大小将其中一个房子水平翻转组合成几栋房子。

图1-3-104　夜晚的房子

实战演练：

使用各种类型填充矩形，如图 1-3-105 所示。

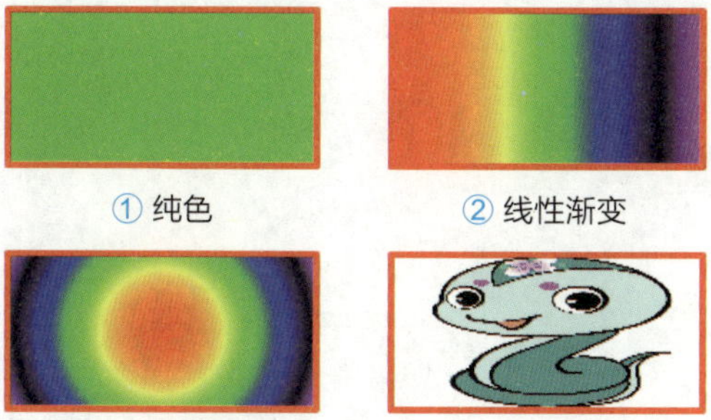

① 纯色　　　　② 线性渐变

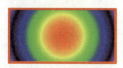 

③ 径向渐变　　④ 位图填充

图1-3-105　填充效果

实战演练：

绘制七巧板并填充颜色，效果如图 1-3-106 所示。

（1）使用矩形工具画正方形，旋转45°。
（2）使用线形工具画对角线。
（3）使用矩形工具画从中心出发的直线。
（4）使用线条工具画平行线。
（5）使用线条工具画45°倾斜线。
（6）删除多余线。
（7）填充色彩。
（8）分散成单一板块，以备用。

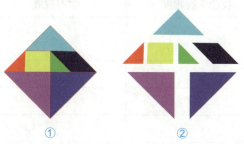

①　　　　　　②

图1-3-106　绘制七巧板并填色颜色

实战演练：

为打散的文字描边，如图 3-63 所示。

① 原文字

② 描边效果

图3-63　为打散的文字描边

实战演练：

利用封套变形工具修改国旗形状，如图 3-85 所示。

① 原图　　　② 利用封套修改效果图

图3-85　利用封套修改图形

实战演练：

绘制熊猫头像，效果如图 3-94 所示。

图3-94　绘制熊猫头像

（1）打开"对象绘制"模式，画大椭圆（黑色笔触，白色填充），即熊猫头。
（2）画小椭圆，填充为黑色，即左耳朵。
（3）按 Alt 键或 Ctrl 键复制一个小椭圆，即右耳朵。
（4）按 Alt 键或 Ctrl 键复制一个小椭圆，调整大小并稍微旋转，即左眼圈。
（5）按 Alt 键或 Ctrl 键复制一个小椭圆，水平翻转，即右眼圈，更改为白色。

（6）画一个黑色的小椭圆，即鼻子。

（7）调整耳朵位置，并组合后，排列到底层。

（8）画一个白色小椭圆，即左眼睛，再画一个黑色小椭圆，即左眼球，并组合。复制后调整为右眼球。

（9）鼻子下画一条垂直的线。

（10）一条水平线，代表嘴。调整成一定弧度。

拓展延伸

演示视频：绘制动画短片素材

动画短片线稿

动画短片色稿

动画短片线稿

动画短片上色

自我评价

知识与技能点	知识理解程度	技能掌握程度	学习收效
图形的基础知识辅助工具的使用			
常用绘图工具的使用			
选择对象工具的使用			
颜色填充工具的使用			
图形对象的编辑与修饰			

任务4　使用"时间轴"面板

🔍 任务描述

时间轴是 Flash 中最核心的组成部分。最主要的功能就是组织图层和放置帧。几乎所有动画的播放与动作都在时间轴中编排。可以控制不同图形元素在不同时间的状态。本任务主要对时间轴中的帧、图层的编辑操作进行讲解。

🔍 学习要点

知识：
1. 认识时间轴面板。
2. 图层的编辑操作技巧。
3. 帧的编辑操作技巧。

技能： 关键要素的组织编排，培养学生分析问题，解决问题的能力。

素养： 创设人与自然和谐共生的美好场景，提升审美能力。

🔍 知识学习

4.1 认识"时间轴"面板

时间轴的图层就像堆叠在一起的多张透明胶片一样，在场景上一层层地向上叠加。时间轴中的帧在不同的图层中快速播放时，就形成了连续的动画效果。

启动 Flash CC 后，工作界面中呈现时间轴，还可以执行"窗口"→"时间轴"命令，或按 Ctrl+Alt+T 组合键，打开"时间轴"面板，如图 1-4-1 所示。

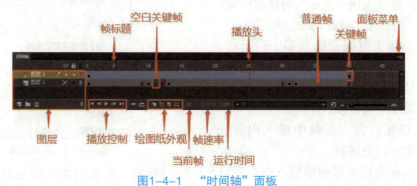

图 1-4-1　"时间轴"面板

4.1.1　"时间轴"面板

时间轴从形式上可以分为两部分，左侧的图层操作区和右侧的帧操作区。

图层：用于管理舞台中的元素，可以在不同的图层中放置相应的对象，产生层次变化效果，如图 1-4-2 所示。

图1-4-2 "时间轴"中的图层

显示或隐藏所有图层 👁：单击该按钮隐藏所有图层，再次单击该按钮可重新显示所有图层中的内容。单击位于 👁 图标正下方的圆点图标 •，当其呈现一个叉 ✕ 时，可单独隐藏该图层中的内容。

锁定或解除锁定所有图层 🔒：单击该按钮可锁定所有图层，再次单击该按钮即可解除锁定。也可单击位于 🔒 图标正下方的圆点图标 •，单独锁定某个图层。

将所有图层显示为轮廓 ▢：单击该按钮，图层中的内容会以轮廓的形式显示，也可单击位于 ▢ 图标正下方的对应图标，单独为某个图层显示为轮廓。

新建图层：用于创建新的图层。

新建文件夹：用于新建图层文件夹，文件夹可放置多个图层。

删除：用于删除指定的图层或图层文件夹。

播放头：播放头用于指示当前播放位置或编辑位置，可以单击或拖动来重新定位。

帧标题：位于时间轴的顶部，用于指示帧编号1、2……

帧：帧是Flash动画的基本单位，按照从左到右的顺序来播放帧。

空白关键帧：为了在帧中插入内容，首先必须创建空白关键帧。

关键帧：在空白关键帧中插入内容后，该帧就变成了关键帧，将从白色的圆变为黑色的圆。

当前帧：用于显示播放头所在位置的帧编号。

帧速率：用于指定当前动画每秒钟播放的帧数，默认为24帧/秒。

运行时间：用于显示播放头播放到当前位置所需的时间。

绘图纸外观轮廓：单击该按钮可在场景中同时显示多帧对象，便于操作时查看帧的运动轨迹。

播放控制：用于控制动画的播放，从左到右依次为：转到第一帧、后退一帧、播放、前进一帧和转到最后一帧。

面板菜单：单击该按钮弹出面板菜单。用于设置帧的显示状态，通过这些命令可以方便用户更好地对时间轴进行管理和操作，如图1-4-3所示。

其中，主要选项的含义如下。

帧大小：用于设置帧单元格的大小，包括很小、小、一般、中和大5种选项，默认设置为一般。

预览：使用该选项以缩略图的形式示每帧的状态。

关联预览：使用该选项显示对象在各帧中相对位置的变化。

图1-4-3 面板菜单

较短：该选项用于缩短时间轴上每层的高度，以显示更多数量的层。

基于整体范围的选择：默认设置下，在时间轴中单击只会选中一帧，如图1-4-4所示。选择该项后，在时间轴中单击会选中一个完整的补间或连续的帧作为一个整体，如图1-4-5所示。

项目 1 开启动画之门

图1-4-4 选中一帧

图1-4-5 选中一个完整的补间或连续的帧

4.1.2 时间轴中标识动画类型

"时间轴"面板中，采用不同的颜色或时间轴元素标识区分不同的动画类型，通过对比快速了解动画的制作方法。

（1）逐帧动画。通常在每一帧上创建一个不同的画面，连续一系列连续关键帧组成连续变化的动画，如图1-4-6所示。

图1-4-6 逐帧动画

（2）传统补间动画背景呈现为蓝色，开始帧和结束帧是关键帧，在关键帧之间的补间用黑色的箭头表示，如图1-4-7所示。

图1-4-7 传统补间动画

（3）形状补间动画背景呈现为浅绿色，开始帧和结束帧是关键帧，在关键帧之间的补间用黑色的箭头表示，如图1-4-8所示。

图1-4-8 形状补间动画

（4）补间动画与传统的补间动画不同，背景呈现为浅蓝色，范围的第一帧中的黑圈表示补间范围分配有目标对象，黑色菱形表示任何其他属性关键帧，如图1-4-9所示。

图1-4-9 补间动画

（5）第一帧中的空心点表示补间动画的目标对象已删除，可应用包含其属性关键帧新的目标对象，如图1-4-10所示。

图1-4-10 补间动画的目标对象已删除

（6）当关键帧后面跟随的是虚线时，表示关键帧被删除或没有添加，传统补间动画不完整，如图1-4-11所示。

图1-4-11 传统补间动画不完整

（7）帧或关键帧带有小写字母a，表示此帧包含动画中的帧动作（全局函数），如图1-4-12所示。

图1-4-12 帧包含动画中的帧动作

（8）帧或关键帧带有标记。其中红色的小旗表示该帧包含一个帧标签；绿色的双斜杠表示该帧包含注释；金色的锚记表明该帧是一个命名锚记，如图1-4-13所示。

图1-4-13　帧或关键帧带有标记

提示： 关键帧与属性关键帧概念不同。关键帧是指时间轴中其元件实例首次出现在舞台上的帧。属性关键帧是指在补间动画的特定时间或帧中定义的属性值。

4.2　图层的编辑

组织Flash动画需要用到很多图层。对象一层一层叠在一起，形成动画。而层是最终的组织工具。

4.2.1　图层的作用

在Flash中，图层就像一张张透明的纸，在每一张纸上可以绘制不同的对象。在上面图层中添加的内容将会遮住下一层相同位置的内容，可以透过没有内容的区域看到下面层的内容。图层可以帮助用户组织文档中的对象，通过将不同对象放置在不同的层上，很容易做到用不同方式对动画进行定位、分离、重排序等操作。

图层按照功能划分，可以分为普通图层、引导图层和遮罩层，如图1-4-14所示。

图1-4-14　图层

普通图层：Flash默认的图层，放置的对象一般是最基本的动画元素。普通图层用来存放帧，可以将多个帧按一定的顺序叠放，以形成一幅动画。

普通引导层：只能起到辅助绘图和定位的作用。无须使用"被引导层"，可以单独使用，层上的内容不会被输出。

传统引导层：在引导层中的引导线输出时不可见，只是作为被引导层的运动轨迹。

被引导层：与引导层关联的图层。被引导层可以包含静态图形和传统补间，但不能包含补间动画。可将对象吸附到引导线的起点和终点。

遮罩层：可以通过遮罩层内的图形看到下面被遮罩的内容，遮罩层不能使用按钮元件。遮罩层只有一个，可以是多个图层组合起来放在一个遮罩层下，以创建特殊效果。

被遮罩层：是位于遮罩层下方并与之关联的图层。被遮罩层的内容只能通过遮罩层上具有实心对象的区域显示。

4.2.2　创建图层

创建一个新的Flash文件后，默认仅包含一个图层。在制作比较复杂的动画时，需要创建多个图层以放置不同的图形对象。创建一个新图层的方法如下。

（1）单击"时间轴"面板左下方的"新建图层"按钮，可以创建新图层，如图1-4-15所示。

图1-4-15　"时间轴"面板

（2）使用"插入"→"时间轴"→"图层"命令，即可在选定图层上方创建新层，如图1-4-16所示。

项目 1　开启动画之门

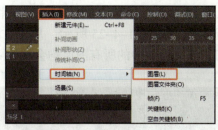

图1-4-16　通过菜单创建图层

（3）用鼠标右击时间轴面板中的对应图层名称，在弹出的快捷菜单中选择"插入图层"选项，即可在选定图层上方创建新层，如图 1-4-17 所示。

图1-4-17　通过快捷菜单创建图层

4.2.3　选择图层

要编辑图层、图层文件夹及各对象，首先选择相应的图层。选择图层的方法如下。

（1）单击时间轴中图层的名称，即可直接选择该图层，如图 1-4-18 所示。

图1-4-18　单击图层名称选择图层

（2）在时间轴中单击图层中的任意帧格，即可直接选择该图层，如图 1-4-19 所示。

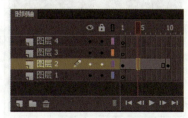

图1-4-19　单击图层中的任意帧格选择图层

（3）在舞台中选中对象后，包含该对象的图层即被选定。

（4）要选择连续图层，需要在按住 Shift 键的同时单击时间轴中的各图层名称，或选中第一个图层名称，然后按住 Shift 键，再单击最后一个图层名称，如图 1-4-20 所示。

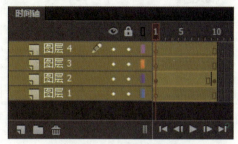

图1-4-20　选择连续的图层

（5）要选择不连续图层时，则需要在按住 Ctrl 键的同时单击时间轴中的图层名称，如图 1-4-21 所示。

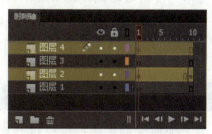

图1-4-21　选择不连续的图层

提示：被选中的图层将被突出显示（土黄色），同时图层名称的右侧显示一个小铅笔图标，所选中的图层即变为当前层。

4.2.4　复制/移动图层

在 Flash 中，有时需要调整图层的顺序。有时需要复制某个层的内容及帧来建立一个新的层。这在从一个场景到另外一个场景或者从一个影片到其他影片传递层时很有用，甚至可以同时选择一个场景的所有层，并将它们粘贴到其他任何位置来复制场景。还可以复制部分时间轴来生成一个新的层。该层的名称将自动设置为与被复制的层相同，保留图层组的结构。

复制/移动图层的方法如下。

49

（1）选中相应的图层，执行"编辑"→"时间轴"→"拷贝图层/剪切图层"命令，如图1-4-22所示，或者用鼠标右击图层，在弹出的快捷菜单中选择"拷贝图层/剪切图层"选项，如图1-4-23所示。

图1-4-22　利用菜单项复制/移动图层　　图1-4-23　利用快捷菜单复制/移动图层

（2）选中要插入图层的图层，执行上述操作中的"粘贴图层"命令，之前复制的图层就会被复制/移动到该图层的上方。

提示：可以通过鼠标拖动选中的图层至目标图层，完成图层的移动。可以直接执行"编辑"→"时间轴"→"直接复制图层"命令，完成图层的复制。

4.2.5　删除图层

对于不需要的图层，可以将其删除，删除方法如下。

（1）选择要删除的图层，单击"时间轴"面板下方的"删除"按钮，或直接将要删除的图层拖动至"删除"按钮将其删除，如图1-4-24所示。

图1-4-24　通过"删除"按钮删除图层

（2）用鼠标右击要删除的图层名称，在弹出的快捷菜单中选择"删除图层"选项，将图层删除。

（3）用鼠标右击要删除的图层名称，在弹出的快捷菜单中选择"删除图层"选项，当图层文件中包含图层时，系统将弹出提示框，如图1-4-25所示，单击"是"按钮，该文件夹中的所有图层均会被删除。

图1-4-25　提示框

4.2.6　重命名图层

在Flash中，新创建的图层自动依次按顺序命名：图层1、图层2、图层3……为了便于识别每个图层放置的内容，可对图层进行重命名。

重命名图层的方法如下。

（1）双击图层的名称，图层名称变为可编辑状态时，输入新的层名。在空白位置单击或按Enter键确认，如图1-4-26所示。

图1-4-26　双击图层名称重命名

（2）在要重命名的图层名称上右击，在弹出的快捷菜单中选择"属性"选项，在弹出的"图层属性"对话框中的"名称"文本框中输入新的名称即可，如图1-4-27所示。

图1-4-27　通过"图层属性"对话框重命名

4.2.7 图层属性

在 Flash 中，每个图层都是相对独立的，拥有自己的时间轴和帧，可以对图层的属性进行设置。

调出"图层属性"对话框的方法如下。

（1）执行"修改"→"时间轴"→"图层属性"命令。

（2）双击图层名称左侧的图标。

（3）使用右击图层名称，在弹出的快捷菜单中选择"属性"选项。

用以上方法均可打开"图层属性"对话框，如图 1-4-28 所示。用户可在该对话框中修改图层的名称、类型、轮廓颜色和图层高度等属性。

图 1-4-28　"图层属性"对话框

"图层属性"对话框中各选项的含义如下。

（1）名称：在该文本框中输入新的图层名称。

（2）显示：如果用户选中该复选框，则图层处于显示状态，否则处于隐藏状态。

（3）锁定：如果用户选中该复选框，则图层处于锁定状态，否则处于解锁状态。

（4）类型：设定图层所属的类型。根据不同的用途可以分为 5 种不同的类型。

一般：表示将选定的图层设置为普通图层。

遮罩层：表示将选定的图层设置为遮罩图层。

被遮罩：表示将选定的图层设置为被遮罩图层。

文件夹：表示将选定的图层设置为图层文件夹。

引导层：表示将选定的图层设置为引导图层。

（5）轮廓颜色：选中"将图层视为轮廓"复选框后，选中的图层以轮廓的方式显示图层内的对象。指定当前图层以轮廓显示时的轮廓颜色，通过设定"轮廓颜色"可修改轮廓的显示颜色。

（6）图层高度：用于设置图层单元格的高度，下拉列表中包括 100%、200% 和 300% 3 个选项，默认为 100%。

4.2.8 组织管理图层

在 Flash 文档中，使用的图层过多时，为便于组织和管理，通过创建图层文件夹来分类管理图层，可对如声音文件、ActionScript 等分别使用不同的图层或文件夹，图层文件夹可展开或折叠，有助于快速检索到项目以进行编辑，提高工作效率。

1. 创建图层文件夹的方法

（1）单击"时间轴"面板中的"新建文件夹"按钮，即可创建图层文件夹，如图 1-4-29 所示。

图 1-4-29　"时间轴"面板

（2）右击"时间轴"面板中的图层或图层文件夹名称，在弹出的快捷菜单中选择"插入文件夹"选项，如图 1-4-30 所示。

图1-4-30 快捷菜单

（3）执行"插入"→"时间轴"→"图层文件夹"命令，插入图层文件夹，如图1-4-31所示。

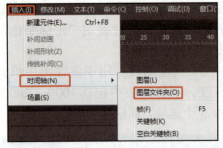

图1-4-31 通过菜单项创建图层文件夹

提示：图层文件夹与图层的使用方法几乎一样。图层文件夹中还可以嵌套文件夹，采用树形结构组织与管理，如同在计算机中组织文件一样。

2. 移入图层文件夹的方法

选中要移入图层文件夹相应的一个或多个图层，将其拖至图层文件夹的下方，此时会出现一条线段，如图1-4-32所示，释放鼠标，即可将选定的图层移入图层文件夹，图层以缩进方式显示，如图1-4-33所示。

图1-4-32 出现线段　　图1-4-33 图层以缩进方式显示

3. 移出图层文件夹的方法

选中要移出的图层文件夹，单击并拖动相关图层至图层文件夹的外侧，此时会出现一条线段，如图1-4-34所示，释放鼠标，即可将指定图层移出图层文件夹，如图1-4-35所示。

图1-4-34 将图层拖到图层文件夹外侧　　图1-4-35 移出图层文件夹

4. 展开/折叠图层文件夹

单击图层文件夹名称前面的小三角形按钮即可。当三角形按钮向下时，当前图层文件夹处于展开状态，如图1-4-36所示。当三角形按钮向右时，当前图层文件夹处于折叠状态，如图1-4-37所示。

图4-36 图层文件夹处于展开状态　　图4-37 图层文件夹处于折叠状态

4.3 帧的编辑

Flash 动画是由一些连续不断的帧所组成的。帧的编辑操作包括选择帧、删除帧、清除帧、复制和粘贴帧、移动帧和翻转帧等。

4.3.1 帧的类型

在 Flash 中，不同类型的帧发挥的作用也不同。帧分为帧、关键帧和空白关键帧 3 个基本类型，不同类型的帧在时间轴中的显示方式不同。

1. 帧

根据帧在动画中的位置和作用，可分为普通帧和过渡帧。通常在关键帧后面添加一些起延续作用的帧，被称为普通帧；在起始和结束关键帧之间的帧，体现动画在每一个帧格中的变化过程，被称为"过渡帧"，如图1-4-38所示。

图1-4-38　普通帧和过渡帧

2. 空白关键帧

默认情况下，在新建文档或图层时，图层的第1帧就是空白关键帧，呈现为一个空白圆，表示该关键帧中不包含任何对象和元素，如图1-4-39所示。

图1-4-39　空白关键帧

3. 关键帧

在空白关键帧选中的状态下，向舞台中添加内容，空白关键帧将转换为关键帧，关键帧呈现为一个实心圆点，如图1-4-40所示。

图1-4-40　关键帧

提示：过渡帧的具体内容由计算机自动生成，无法编辑。过渡帧附属于关键帧，关键帧的内容决定了过渡帧的内容。两个关键帧的中间可以没有过渡帧，但过渡帧前后一定有关键帧。

4.3.2　选择帧

在4.1.1节中已经了解了"基于整体范围的选择"选项。除此之外，根据选择范围，Flash提供在时间轴中快速对单帧、连续、不连续的多帧进行选择的方法。

（1）若要选择单个帧，在时间轴中单击帧所在位置的帧格。

（2）若要选择多个连续的帧，在时间轴中单击连续帧中的第1帧，拖动鼠标至最后一帧，或单击第一帧按住Shift键再单击最后一帧即可，如图1-4-41所示。

图1-4-41　选择多个连续的帧

（3）若要选择多个不连续的帧，在时间轴中按住Ctrl键依次单击需要选择的帧即可，如图1-4-42所示。

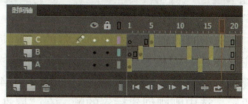

图1-4-42　选择多个不连续的帧

（4）若要选择整个范围帧，双击两个关键帧之间的帧，如图1-4-43所示。

图1-4-43　选择整个范围帧

（5）如果要选择时间轴中的所有帧，执行"编辑"→"时间轴"→"选择所有帧"命令，或选择某一帧后右击，在弹出的快捷菜单中"选择所有帧"选项，如图1-4-44所示。

图1-4-44 选择时间轴中的所有帧

4.3.3 帧标签

在 Flash 中，可通过为时间轴中的帧添加标签，作为辅助组织动画内容的一种方式。一般情况下，要在时间轴中创建一个单独的图层来包含帧标签且帧标签只能应用于关键帧。在动作脚本 ActionScript 中按帧标签引用帧，即使标签移至其他帧编号，ActionScript 仍可引用帧标签而无须更新，如图 1-4-45 所示。

图1-4-45 帧标签

选中时间轴上需添加帧标签的关键帧，在"属性"面板中的"帧"文本框中为关键帧命名，即可创建帧标签，如图 1-4-46 所示。选中刚刚创建标签的帧，在"属性"面板中的标签"类型"下拉列表中可以选择帧标签的类型，分别为"名称""注释"和"锚记"。

图1-4-46 "属性"面板

名称:用于标识时间轴中的关键帧名称，在动作脚本 ActionScript 中定位帧时，使用帧的名称。

注释：表示注释类型的帧标签，只对所选中的关键帧加以注释和说明。

锚记：可以使用浏览器中的"前进"和"后退"按钮，从一个帧跳到另一个帧，或是从一个场景跳到另一个场景，使 Flash 动画的导航变得简单。

提示：在 Flash 中，将文件发布为 Flash 影片，不包含帧注释的标识信息，但会包括帧名称和帧锚记的标识信息，因此添加帧注释不会增加导出 SWF 文件的体积。添加帧名称和帧锚记的标识信息会增加文件的体积。

4.3.5 移动、复制、粘贴帧

在动画制作过程中，需要对时间轴上的帧进行调整分配，移动帧到所需位置。有时需要用到相同的帧，对帧进行移动、复制、粘贴操作可以提高工作效率。

1.移动帧

选择需要移动的帧或帧序列，将鼠标指针放置在所选帧范围的上方，鼠标指针右下角将出现一个矩形框，如图 1-4-47 所示。单击并拖动鼠标，即可将其移动到目标位置，如图 1-4-48 和图 1-4-49 所示。

图1-4-47 移动帧（一）

图1-4-48 移动帧（二）

项目1 开启动画之门

图1-4-49 移动帧（三）

提示：利用鼠标将过渡帧移动位置后，该帧会在新位置自动转换为关键帧。这也是插入关键帧最简单的方法。

2. 复制帧

选择要复制的帧或帧序列，按住Alt键拖动到相应的位置，即可复制帧或帧序列，如图1-4-50和图1-4-51所示。

图1-4-50 选择要复制的帧或帧序列

图1-4-51 按住Alt键拖动

3. 移动、复制、粘贴帧

（1）选择要移动/复制的帧或帧序列并右击，在弹出的快捷菜单中选择"剪切帧/复制帧"，在目标位置再次右击，在弹出的快捷菜单中选择"粘贴帧"，即可移动/复制帧或帧序列，如图1-4-52和图1-4-53所示。

图1-4-52 "剪切帧/复制帧"选项　　图1-4-53 "粘贴帧"选项

（2）选择要移动/复制的帧或帧序列，执行"编辑"→"时间轴"→"剪切帧/复制帧"命令，在要替换的帧或帧序列中执行"编辑"→"时间轴"→"粘贴帧"命令，即可移动/复制帧或帧序列，如图1-4-54和图1-4-55所示。

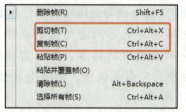

图1-4-54 通过菜单项移动/复制（一）

图1-4-55 通过菜单项移动/复制（二）

4.3.6 删除、清除帧

在动画制作过程中，对时间轴上错误及无用的帧可进行删除或清除操作。

（1）选择要删除的帧或帧序列，执行"编辑"→"时间轴"→"删除帧"命令，可将选择的所有帧删除，如图1-4-56和图1-4-57所示。

图1-4-56 选择帧序列

图1-4-57 删除帧序列

（2）选择要删除的帧或帧序列并右击，在弹出的快捷菜单中选择"删除帧"命令将其删除，如图 1-4-58 所示。

图1-4-58　使用快捷菜单删除帧

提示：清除帧与删除帧的操作基本一致，这里就不再赘述。两者的区别在于，清除帧只是删除帧中的内容，而保留帧所在的位置转换为空白关键帧，如图 1-4-59 和图 1-4-60 所示。

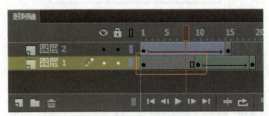

图1-4-59　清除帧前

图1-4-60　清除帧后

4.3.7　翻转帧

在动画制作过程中，翻转帧可以将选中的帧的播放序列颠倒，最后一个关键帧和第一个关键帧互换位置。

（1）选择要翻转的帧序列，且起始帧和结束帧必须都是关键帧。执行"修改"→"时间轴"→"翻转帧"命令，即可对选择的帧序列进行翻转操作。

（2）选择要翻转的帧序列，且起始帧和结束帧必须都是关键帧。单击鼠标右键，在弹出的快捷菜单中选择"翻转帧"命令，即可对选择的帧序列进行翻转操作，如图 1-4-61~图 1-4-63 所示。

图1-4-61　翻转帧前

图1-4-62　翻转帧后

图1-4-63　翻转帧前（圆—方—星），翻转帧后（星—方—圆）

4.3.8　转换帧

在动画制作过程中，有时需要在不同的帧类型之间进行相互转换。

（1）选择帧并右击，在弹出的快捷菜单中选择"转换为关键帧"或"转换为空白关键帧"选项，可以将帧转换为关键帧或空白关键帧，如图 1-4-64~图 1-4-67 所示。

图1-4-64　选择帧

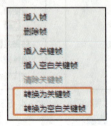

图1-4-65　快捷菜单

项目 1　开启动画之门

图1-4-66　转换为关键帧

图1-4-67　转换为空白关键帧

（2）若要将关键帧或空白关键帧转换为普通的帧，右击相应的关键帧或空白关键帧，在弹出的快捷菜单中选择"清除关键帧"选项，被清除的关键帧以及到下一个关键帧之间的所有帧的内容都将被该关键帧之前的帧的内容所替换，如图 1-4-68~图 1-4-70 所示。

图1-4-68　选择帧

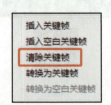

图1-4-69　快捷菜单

图1-4-70　清除帧

探究活动

实战演练：分散到图层

在 Flash 中，在导入外部矢量图形时，通常会将图形对象作为一个整体导入到同一个图层中，为了方便将不同类型的补间动画应用到不同的对象上。需要用"分散到图层"命令，将一个图层或多个图层上的一帧中的对象快速分散到各个独立的图层，方法如下。

（1）选择（如文本）对象，执行"修改"→"分离"命令将文本对象分离。一个整串文本如图 1-4-71 所示，被分离成一个个单独的字符，如图 1-4-72 所示。

图1-4-71　整串文本

图1-4-72　分离的文本

（2）保持文本的选中状态，执行"修改"→"时间轴"→"分散到图层"命令，即可将不同的文字分散到不同的图层中，如图 1-4-73 所示。Flash 会将分散出的图层插入到选中图层的下方，包含分离文本符的新图层用这个字符来命名。如果新层中包含图形对象，则新图层名称为图层1、图层2、图层3，以此类推。

图1-4-73　分散到图层

57

（3）执行"修改"→"分离"→"分散到关键帧"命令，还可以将所选对象分散到同一图层的不同关键帧中，如图1-4-74所示。

图1-4-74 分散到关键帧

实战演练：插入帧

在动画制作过程中，根据动画制作的需要，插入不同类型的帧，以制作出不同的动画效果，如图1-4-75所示。

图1-4-75 "时间轴"面板

1.插入帧

（1）按F5键。

（2）选中时间轴中相应的帧格，执行"插入"→"时间轴"→"帧"命令。

（3）单击鼠标右键，从弹出的快捷菜单中选择"插入帧"选项。

2.插入关键帧

（1）按F6键。

（2）选中时间轴中相应的帧格，执行"插入"→"时间轴"→"关键帧"命令。

（3）执行"修改"→"时间轴"→"转换为关键帧"命令。

（4）单击鼠标右键，从弹出的快捷菜单中选择"插入关键帧"选项。

3.插入空白关键帧

（1）按F7键。

（2）选中时间轴中相应的帧格，执行"插入"→"时间轴"→"空白关键帧"命令。

（3）执行"修改"→"时间轴"→"转换为空白关键帧"命令。

（4）单击鼠标右键，从弹出的快捷菜单中选择"插入空白关键帧"选项。

拓展延伸

演示视频：制作分层动画《春天在哪里》

扫一扫
学操作

自我评价

知识与技能点	知识理解程度	技能掌握程度	学习收效
认识时间轴面板			
图层的编辑操作技巧			
帧的编辑操作技巧			

任务5 文本的创建

🔍 任务描述

文本是 Flash 动画作品中不可缺的元素，熟练掌握文本工具的使用是 Flash 中的关键。通过文本可以更直观的表达作者的主题思想。本任务将学习在 Flash CC 中创建各类型文本，文本属性设置，编辑文字及使用滤镜，使得到的文本效果更美观，文字和画面完美结合。

🔍 学习要点

知识：
    1. 传统文本的类型。
    2. 文本段落样式的设置。
    3. 文本的编辑技巧。
    4. 滤镜功能的使用。
技能：表达思想元素的选用，处理技巧，培养学以致用的能力。
素养：融会贯通各学科知识，提升审美能力，树立精益求精的品质，追求卓越的工匠精神。

🔍 知识学习

5.1 传统文本的类型

    Flash 中的文本功能非常完善，用户可以创建静态文本、动态文本和输入文本，并通过"属性"面板对文本进行多重设置，使得到的文本效果更美观，更符合需求。

    文本工具的使用与工具栏其他工具的使用一样。只需选择文本工具，或者按 T 键，即可调用文本工具。打开"属性"面板，单击"文本类型"按钮，弹出如图 1-5-1 所示的菜单。可以创建 3 种类型的传统文本字段：静态文本、动态文本和输入文本。

图 1-5-1 "文本工具"属性面板

    创建文本时，可以通过文本标签和文本框两种方式，它们之间最大的区别就是有无自动换行功能。

1. 文本标签

选择"文本工具",在舞台区域中单击,可以看到一个右上角有一个小圆圈的文本输入框,这就是文本标签,在文本标签中不管输入多少文字,文本标签都会自动扩展,而不会自动换行,换行需按 Enter 键,如图 1-5-2 所示。

2. 文本框

选择"文本工具",在舞台区域中单击并拖曳,将出现一个虚线文本框,释放鼠标即创建一个文本框。可以看到文本框的右上角出现一个小方框,这说明文本框已经限定了宽度,当输入的文字超过限制宽度时自动换行。双击文本框右上角的小方框可以变成文本标签输入模式,如图 1-5-3 所示。

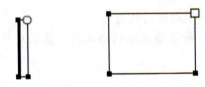

图 1-5-2 文本标签　　图 1-5-3 文本框

提示: 通过鼠标可以随意调整文本框的宽度。如果要对文本框的尺寸进行精确调整,可在"属性"面板中输入文本框的宽度和高度值。

Flash 在每个文本字段的一角显示一个手柄,用以标识该文本字段的类型。

(1) 对于可变宽度的静态水平文本,会在该文本字段的右上角出现一个小圆圈,如图 1-5-4 所示。

(2) 对于具有固定宽度的静态水平文本,会在该文本字段的右上角出现一个方形手柄,如图 1-5-5 所示。

图 1-5-4　圆形手柄　　图 1-5-5　方形手柄

(3) 对于文本方向为从右到左并且高度固定的静态垂直文本,会在该文本字段的左下角出现一个方形手柄,如图 1-5-6 所示。

(4) 对于文本方向为从左到右并且高度固定的静态垂直文本,会在该文本字段的右下角出现一个方形手柄,如图 1-5-7 所示。

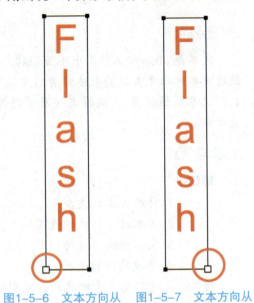

图 1-5-6　文本方向从　图 1-5-7　文本方向从
　　　　　右到左　　　　　　　左到右

(5) 对于动态可滚动传统文本字段,圆形或方形手柄由空心变为实心黑块,如图 1-5-8 和图 1-5-9 所示。用户可以执行"文本"→"可滚动"命令使动态文本可滚动。

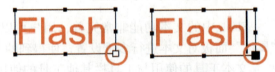

图 1-5-8　动态文本　　图 1-5-9　动态文本可滚动

5.1.1　静态文本

静态文本是文本工具最基本的功能,它是一种普通的文本。主要用于文字的创建与编辑,起到解释说明的作用。在动画运行期间是不可以编辑修改的,静态文本与 Flash 中的其他图形元素一样,也可以制作动画或分层。

单击绘图工具栏中的"文本工具"按钮或按 T 键,打开属性设置面板。在文本类型下拉列表中选择"静态文本"选项,此时静态文本属性面板,如图 1-5-10 所示。

项目 1　开启动画之门

图1-5-10　"文本工具"属性面板

5.1.2　动态文本

动态文本是比较特殊的可编辑的文本，在动画播放过程中，文本区域的文本内容可通过事件的激发来改变，能够显示不断更新的文本，如股票报价或头条新闻。在文本类型下拉列表中选择"动态文本"选项时属性设置面板如图1-5-11所示。

图1-5-11　"动态文本"属性设置面板

（1）实例名称：为文本设置一个名称，以便ActionScript通过名称调用这个文本对象。

（2）行为：该选项只有设置"文本类型"为"动态文本"或"输入文本"时才可用。

单行：将文本显示为一行，当输入的字符超过显示范围的部分，将在舞台上不可见，不识别Enter键。

多行：将文本显示为多行，当输入的字符超过文本显示范围的部分，将会自动换行，识别Enter键。

多行不换行：将文本显示为多行，且仅当最后一个字符是换行字符时，才可以换行。

提示：为了与静态文本相区别，动态文本的控制手柄出现在右下角。

5.1.3　输入文本

在动画播放过程中，可供用户输入文本实现交互操作，它允许用户在空的文本区域中输入文字，如注册会员、回答调查问卷、输入密码等文本内容。在文本类型下拉列表中选择"输入文本"选项时属性设置面板如图1-5-12所示。

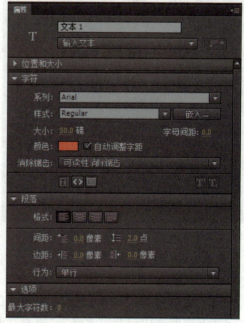

图1-5-12　"输入文本"属性设置面板

输入文本与静态文本的属性面板中多数选项相同，这里主要说明输入文本特有的选项。

行为：同动态文本设置。

最大字符数：用于设置可输入的字符数上限。当设置文本类型为"输入文本"

时，在"属性"面板的"选项"区域会出现一个很实用的"最大字符数"选项。

5.2 传统文本属性的设置

传统文本是 Flash 中早期文本引擎的名称，对于某类内容能够提供很好的效果。在 Flash 中可以创建静态文本字段、动态文本字段和输入文本字段。在创建文本内容后，可以对文本的属性进行设置。

5.2.1 设置文字属性

要设置字符样式，可以在文字工具"属性"面板中对文本进行设置。使用"文本工具"，其完整的"属性"面板如图 1-5-13 所示。

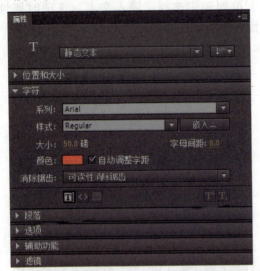

图 1-5-13 文本工具"属性"面板

在文本工具"属性"面板中可以设置文本的以下属性。

（1）文本方向：用于设置文本输入的方向，下拉列表中包括"水平""垂直"和"垂直，从左向右"3 个选项，如图 1-5-14 所示。图 1-5-15 所示分别为 3 个方向的具体应用效果。

图 1-5-14 文本方向选项

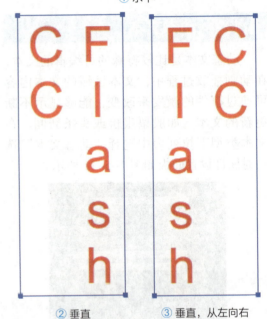

图 1-5-15 文本方向应用效果

（2）系列：用来设置字体。打开"系列"下拉列表框，选择相应的字体，或直接在文本框中输入相应字体的名称。也可以选择"文本"→"字体"命令设置字体。字体的多少与安装多少字体有关，当前选择的字体左边有个"✓"，如图 1-5-16 所示。

图1-5-16 "系列"下拉列表框

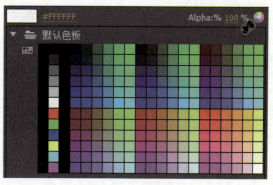

图1-5-18 调色板

（3）样式：用来设置字体的样式，如常规、粗体或斜体等。字体的样式总是随着字体系列的变化而不同。也可以执行"文本"→"样式"命令设置字体样式，如图1-5-17所示。

（8）自动调整字距：选中该复选框可自动将包括内置紧缩信息的字体紧缩。

（9）消除锯齿：用于对字体进行平滑处理，下拉列表中包括5个选项，如图1-5-19所示。

① ②

图1-5-17 字体样式

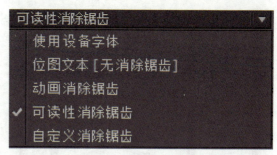

图1-5-19 "可读性消除锯齿"下拉列表

（4）嵌入：单击该按钮可将当前字体嵌入到文档中，使文字效果在没有安装本字体的计算机中同样可以正常显示。

（5）大小：用来设置字号。以磅为单位，1磅≈0.35mm。可以直接输入字号，也可以利用鼠标滚轮滚动改变字号。或者执行"文本"→"大小"命令设置字号。

（6）字母间距：用于调节字距，单击字母间距后的字段，输入–60~60间的整数。也可以利用鼠标滚轮滚动改变字距，设置的参数值越大，字符间距越大。或者执行"文本"→"字母间距"命令调整字符间距，菜单中包括"增加""减小"和"重置"3个选项。

（7）颜色：用于设置字体的颜色。可单击色块，在弹出的调色板中选择颜色，如图1-5-18所示。

①使用设备字体：指定文件使用本地计算机上安装的字体来显示。

②位图文本［无消除锯齿］：关闭，消除锯齿功能不对文本进行平滑处理。

③动画消除锯齿：创建较平滑的动画。呈现字体较小时会不太清晰，建议使用10磅及以上字号。

④可读性消除锯齿：创建高清晰的字体，即使字体较小时也清晰，但是它的动画效果较差，并可能导致性能问题。

⑤自定义消除锯齿：选择该选项，弹出如图1-5-20所示的"自定义消除锯齿"对话框，按照需要修改字体属性。

图1-5-20 "自定义消除锯齿"对话框

粗细：确定字体消除锯齿转变显示的粗细。

清晰度：确定文本边缘与背景过渡的平滑度。

图1-5-21所示为使用"位图文本[无消除锯齿]"和"自定义消除锯齿"方式对字体进行平滑的效果对比。

① 位图文本[无消除锯齿]

② 自定义消除锯齿

图1-5-21 两种消除锯齿的对比

（10）可选：选中该图标表示在播放发布输出的文件中，这些文本可以被选中，并可以进行复制粘贴，如图1-5-22所示。若不选中该图标，则这些文本将只能被浏览，能够保护知识产权。

图1-5-22 文本能被选中

（11）将文本呈现为HTML：仅适用于"动态文本"和"输入文本"。若选中该图标，可以使Flash中的文本按照与网页文本类似的格式进行HTML标记、CSS等样式显示。

（12）在文本周围显示边框：仅适用"动态文本"和"输入文本"。若选中该图标，则在发布SWF动画后，该字符串周围会显示边框，如图1-5-23所示。

图1-5-23 显示边框

（13）切换上标：选中该图标，可将指定字符的上标位置，文字移动到高于标准线向上并缩小字符。

（14）切换下标：选中该图标，可将指定字符的下标位置，文字移动到低于标准线向下并缩小字符。

5.2.2 设置段落属性

要设置文本的段落属性，可以使用文字工具"属性"面板中的"段落"参数，对文本的段落属性进行设置。使用"文本工具"，其完整的"属性"面板，如图1-5-24所示。

图1-5-24 文本工具"属性"面板

在"段落"选项区域可以设置段落的以下属性。

（1）格式  ：用于设置段落文本的对齐方式，分别为"左对齐""居中对齐""右对齐"和"两端对齐"。可以执行"文本"→"对齐"命令设置文本对齐方式。

（2）间距："间距"中包括"缩进"和"行距"两项参数。其中，"缩进"用来指定所选段落的首行的缩进距离，以像素为单位；"行距"则用于指定两行文字之间的距离。

（3）边距：包括"左边距"和"右边距"，分别用于设置左边距的宽度和右边距的宽度，以像素为单位，默认值为 0。

（4）行为：用来控制文本框如何随文本量的增加而扩展。下拉列表中包括"单行""多行"和"多行不换行"3 个选项。仅适用于"动态文本"和"输入文本"。

5.3 编辑文字

当用户在舞台上创建了文本后，常常需要进行修改，如转换文本的类型，以及将文字转换为矢量图形等操作。

5.3.1 分离文本

分离文本就是将文本转换为一个个独立的对象或矢量图形。

选中文本后，选择"修改"→"分离"命令或按 Ctrl+B 组合键，即可实现文本的分离，如图 1-5-25 和图 1-5-26 所示。

图 1-5-25 原图

图 1-5-26 一次分离

当分离成单个字符时，通过"分散到图层"命令，可以快速地将文本字段分布到不同的图层，将它们转换为元件，便可以制作各个字符的动画和设置特殊的文字效果。

再次按 Ctrl+B 组合键可将文本分离成矢量图形，如图 1-5-27 所示。

图 1-5-27 两次分离

提示：文本分离为矢量图形后就不再具有文本的属性。文本转换成矢量图形是不可逆的，不能将矢量图形转换成单个的文字或文本。也无法分离可滚动传统文本字段中的文本。

5.3.2 文本的填充

文本的填充就是将文本转化成矢量图形后可对转换的文本进行填充，使文字产生特殊的效果，如使用渐变色变形、应用滤镜或作为填充色块填充到其他对象。

当把文本转换成矢量图形以后，就可以使用任意变形工具来修改图形文字，还可以选择位图或渐变色等特殊填充效果来创建图案文本，如图 1-5-28 所示。

图 1-5-28 墨水瓶描边，颜料桶填充

5.3.3 文本的变形

文本转化成矢量图形后，对其进行改

变形状、擦除及其他操作，与处理其他形状一样。可以像其他对象一样对文本进行变形操作。

1. 缩放文本

在编辑文本时，用户除了可以在属性面板中设置字体的大小外，还可以使用任意变形工具对文本进行整体缩放变形。

首先选中文本，选择"任意变形工具"，将鼠标指针移动到轮廓线上的控制点处，按住鼠标左键即可对文本进行缩放，如图1-5-29所示。

图1-5-29　逐级缩放

2. 旋转与倾斜

将鼠标指针放置在不同的控制点上鼠标指针的形状也会发生变化，选中文本，选择"任意变形工具"，将鼠标指针放置在变形框的任意角点上，当鼠标指针变为形状时可以旋转文本块，如图1-5 30所示。

图1-5-30　旋转文本块

将鼠标指针放置在变形框的中间控制点上，当鼠标指针变为形状时可以上下左右倾斜文本块。如图1-5-31所示。

图1-5-31　倾斜文本块

3. 水平翻转和垂直翻转

选择文本，在菜单栏中选择"修改"→"变形"→"水平翻转"和"垂直翻转"命令即可实现对文本对象的翻转操作，如图1-5-32和图1-5-33所示。

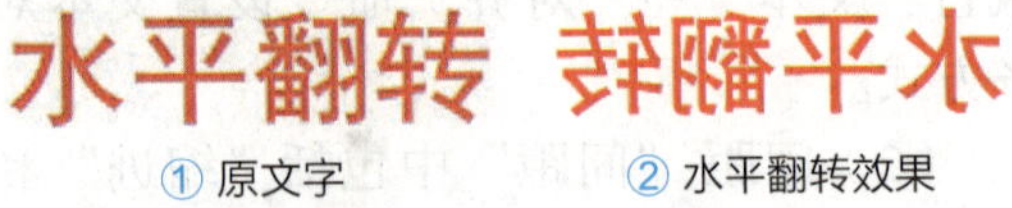

① 原文字　　　② 水平翻转效果
图1-5-32　水平翻转

① 原文字　　　② 垂直翻转效果
图1-5-33　垂直翻转

4. 局部变形

将文本分离为矢量图形后可以非常方便地改变文字的形状。

选中文本，并按两次Ctrl+B组合键，将文本彻底分离为填充图形，如图1-5-34所示。

使用工具栏中的任意变形工具，选中部分或整体进行调整，利用选择工具在文本局部单击并拖曳即可对文本进行局部变形，如图1-5-35所示。

图1-5-34　变形前

图1-5-35　变形后

> 探究活动

5.4 使用滤镜功能

所谓滤镜就是具有图像处理能力的过滤器。滤镜是扩展图像处理能力的主要手段。Flash CC 中提供了 7 种滤镜，分别是投影、模糊、发光、斜角、渐变发光、渐变斜角和调整颜色。为元件增加滤镜可以创建动画的特定效果。滤镜功能大大增强了设计能力，可以为文本、按钮和影片剪辑添加更生动的视觉效果。

Flash 所独有的一个功能，可以利用补间动画使应用的滤镜动起来。在 Flash CC 中用户可以对滤镜进行编辑，以及删除不需要的滤镜。通过修改滤镜，可以制作丰富的页面效果。无须为一个简单的效果进行多个对象的叠加和启动 Photoshop 等软件。

Flash CC 中的滤镜效果优于 Photoshop 中的滤镜，具有优秀的矢量的特性。

5.4.1 滤镜的基本操作

选择场景中的文本、按钮和影片剪辑，打开"属性"面板中的"滤镜"属性可以为对象添加各种滤镜效果。单击"滤镜"属性下方的"添加滤镜"按钮，弹出"滤镜"菜单，如图 1-5-36 所示。

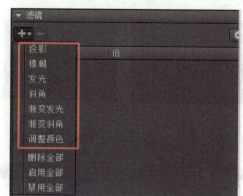

图1-5-36　滤镜选项

1. 应用滤镜

（1）选中要应用滤镜的文本、按钮或影片剪辑。

（2）在属性面板中单击滤镜折叠按钮，打开"滤镜"面板，单击"添加滤镜"按钮，即可弹出滤镜菜单。

（3）选择需要的滤镜选项，此时在滤镜列表中会显示出该滤镜的各种参数。

（4）设置相应参数即完成效果设置，此时属性列表区域将显示所有滤镜的名称及各个参数的设置，如图 1-5-37 所示。

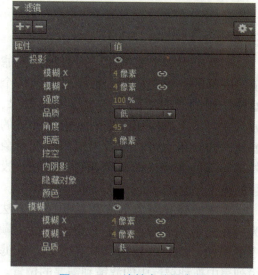

图1-5-37　滤镜名称及参数

（5）再次单击"添加滤镜"按钮，打开滤镜菜单，通过添加新的滤镜可以实现多种效果的叠加。

2. 删除滤镜

（1）选中要删除滤镜的文本、按钮或影片剪辑。

（2）在滤镜列表框中选择要删除的滤镜名称。

（3）删除滤镜属性面板上的删除滤镜按钮。

（4）若要删除所选对象中的全部滤镜，则单击"添加滤镜"按钮，然后在"滤镜"菜单中选择"删除全部"命令，删除全部滤镜后还可通过"撤销"命令恢复对象，如图 1-5-38 所示。

图1-5-38 "删除全部"命令

3. 改变滤镜顺序

对象应用多个滤镜时，列表顶部的滤镜比底部的滤镜先应用。根据对象上每个滤镜应用的顺序不同会产生不同的效果，通常在对象上先应用改变对象内部外观的滤镜，如斜角滤镜，然后再应用改变对象外部外观的滤镜，如调整颜色、发光、投影滤镜等。

改变滤镜在对象上应用的顺序的方法为：在滤镜列表中，单击希望改变应用顺序的滤镜，选中的滤镜将高亮显示。在滤镜列表中拖动被选中的滤镜到需要的位置。

4. 修改滤镜

单击需要编辑的滤镜名称，在滤镜列表区域根据需要设置选项中的参数。

5.4.2 设置滤镜效果

滤镜是可以应用到对象的图形效果。用滤镜可以实现投影、模糊、发光、斜角、渐变发光、渐变斜角和调整颜色等多种效果，应用滤镜后，可以随时改变其选项。

1. 投影滤镜

投影滤镜可以模拟对象向一个表面投影的效果，或在背景中剪出一个与对象相似的形状孔来模拟对象的外观。

打开"滤镜"属性面板，在"滤镜"菜单中选择"投影"选项，"属性"面板中出现"投影"滤镜的各项参数，如图1-5-39所示。

图1-5-39 "投影"滤镜的各参数

模糊X和模糊Y：设置投影的宽度和高度。数值越大效果越模糊；取值范围为0~255。"链接X和Y属性值"按钮，可以同比例地增加或减少数值，如图1-5-40所示。

① 原图　　　　　② 投影滤镜效果

图1-5-40 使用投影滤镜的效果

强度：设置投影的明暗度，值越大投影越暗，取值范围为0~25500，如图1-5-41所示。

① 投影强度为100%　　② 投影强度为500%

图1-5-41 不同强度的滤镜效果

品质：投影模糊的质量分高、中、低级别，品质级别为高，近似高斯模糊，建议品质设置为低，以实现最佳的回放性能。

角度：投影相对于对象之间的角度，取值范围为0°~360°。

距离：投影相对于对象之间的距离。

挖空：选中该复选框，隐藏源对象，只显示投影效果，如图1-5-42所示。

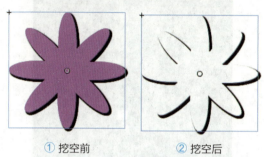

① 挖空前　　② 挖空后

图1-5-42　挖空效果

内阴影：选中该复选框，可以在选择对象边界内应用投影，如图1-5-43所示。

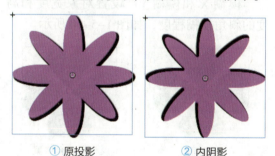

① 原投影　　② 内阴影

图1-5-43　内阴影效果

隐藏对象：选中该复选框，不显示对象，而只显示其投影。

颜色：设置投影的颜色，如图1-5-44所示。

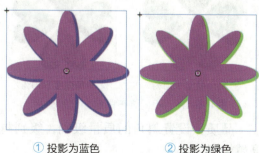

① 投影为蓝色　　② 投影为绿色

图1-5-44　设置投影的颜色

2. 模糊滤镜

"模糊"滤镜可以柔化对象边缘和细节，可以让对象看起来位于其他对象后面，或者看起来好像在运动。

打开"滤镜"属性面板，在"滤镜"菜单中选择"模糊"选项，"属性"面板中出现"模糊"滤镜的各项参数，如图1-5-45所示。

图1-5-45　模糊滤镜的参数

模糊X和模糊Y：设置对象模糊柔化的宽度和高度。数值越大效果越模糊；取值范围为0~255。

品质：设置模糊的质量级别，分高、中、低级别，品质级别为高，近似高斯模糊，如图1-5-46所示。

① 原文字效果

② 模糊X和Y：4像素，品质：低

③ 模糊X和Y：10像素，品质：高

图1-5-46　模糊效果

3. 发光滤镜

"发光"滤镜可以为对象的边缘应用颜色，产生光芒的效果。

打开"滤镜"属性面板，在"滤镜"菜单中选择"发光"选项，"属性"面板中出现"发光"滤镜的各项参数，如图1-5-47所示。

图1-5-47　发光滤镜的各参数

模糊X和模糊Y：设置对象宽度和高度的模糊发光程度。

强度：用来设置光芒的清晰程度，值越大越清晰。

品质：发光的质量级别。

颜色：设置发光的颜色。

挖空：选中该复选框，隐藏源对象，只显示发光效果。

内发光：选中该复选框，在对象的边界内发出光芒。

设置各参数后的发光滤镜效果如图1-5-48所示。

① 原文字　　　② 发光效果

③ 挖空效果　　④ 内发光效果

图1-5-48　发光滤镜效果

4. 斜角滤镜

"斜角"滤镜可以为选择对象应用加亮效果，看起来凸出背景表面，有浮雕字的效果。

打开"滤镜"属性面板，在"滤镜"菜单中选择"斜角"选项，"属性"面板中出现"斜角"滤镜的各项参数，如图1-5-49所示。

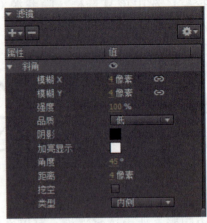

图1-5-49　斜角滤镜的各参数

模糊X和模糊Y：设置对象宽度和高度的斜角模糊程度，如图1-5-50所示。

① 原图　　　　② 默认斜角效果

图1-5-50　斜角滤镜的效果

强度：设置斜角的不透明度，取值范围为0~25 500，如图1-5-51所示。

① 斜角强度100%　　② 斜角强度500%

图1-5-51　不同强度的斜角滤镜效果

品质：设置斜角的质量级别，级别越高越模糊。

阴影：设置斜角阴影的颜色。

加亮显示：设置斜角的加亮颜色，如图1-5-52所示。

图1-5-52 阴影为粉色，加亮为绿色

角度：设置斜角的角度，取值范围为0°~360°。

距离：设置斜角与对象之间的距离，取值范围为0~255，如图1-5-53所示。

① 斜角距离为4　　② 斜角距离为8
图1-5-53 不同斜角距离的斜角滤镜效果

挖空：选中该复选框，隐藏源对象，只显示斜角效果，如图1-5-54所示。

① 挖空前　　② 挖空后
图1-5-54 挖空前后的斜角滤镜效果

类型：设置对象斜角类型，有"内侧""外侧"和"全部"3个选项，如图1-5-55所示。

① 内侧　　② 外侧　　③ 全部
图1-5-55 不同斜角类型的滤镜效果

除了上述4种滤镜外，还有渐变发光、渐变斜角、调整颜色3种滤镜，是以上滤镜的加强，增加了发光、斜角、颜色等属性的设置。

1. 渐变发光滤镜

渐变发光滤镜可以使对象的发光表面产生带渐变颜色的发光效果。

打开"滤镜"属性面板，在"滤镜"菜单中选择"渐变发光"选项，在"属性"面板中出现"渐变发光"滤镜的各项参数，如图1-5-56所示。

图1-5-56 渐变发光滤镜的各项参数

渐变：设置发光的渐变颜色，单击"渐变预览器"图标，打开"渐变编辑"区域，如图1-5-57所示。

图1-5-57 渐变编辑区域

在渐变编辑区域单击相应的颜色滑块，在打开的"拾色器"中选择相应的颜色即可设置发光效果的渐变颜色。拖动可以改变滑块位置。在颜色显示区域下方单击可添加滑块。最多可添加15个颜色滑块。拖动滑块离开颜色显示区域可删除颜色滑块。

提示：设置渐变颜色时，"渐变区域"开始处的颜色Alpha值为0，无法移动此颜色的位置，但可以改变它的颜色。

2. 渐变斜角滤镜

渐变斜角滤镜可以使选择的对象产生一种斜面浮雕的效果。

打开"滤镜"属性面板，在"滤镜"菜单中选择"渐变斜角"选项，在"属性"面板中出现"渐变斜角"滤镜的各项参数，如图1-5-58所示。

图1-5-58　渐变斜角滤镜的各项参数

渐变：设置斜角的渐变颜色，单击"渐变预览器"图标，打开"渐变编辑"区域。面板中有3个滑块，第二个滑块称为Alpha颜色，渐变斜角要求渐变的中间有一种颜色的Alpha值为0，无法删除或改变它的位置，但可以改变它的颜色。

3. 调整颜色滤镜

调整颜色滤镜可以通过设置各项参数改变被选择对象的颜色属性。

在"滤镜"属性面板的"滤镜"菜单中选择"调整颜色"选项，在"属性"面板中出现"调整颜色"滤镜的各项参数，如图1-5-59所示。

图1-5-59　调整颜色滤镜的参数

亮度：设置所选对象的亮度，取值范围为-100~100。

对比度：设置所选对象加亮、阴影及中间调的对比度，取值范围为-100~100。

饱和度：设置颜色的强度，取值范围为-100~100。

色相：设置不同的颜色，取值范围为-180~180。

提示：元件的实例应用"调整颜色"滤镜后，在执行"修改"→"分离"命令后，将会失去"调整颜色"滤镜效果，返回原来的颜色属性。

🔍 拓展延伸

视频演示：文字效果

扫一扫
学操作

🔍 自我评价

知识与技能点	知识理解程度	技能掌握程度	学习收效
传统文本的类型、属性设置			
文本的编辑技巧			
滤镜功能的使用			

任务6　元件、实例和库

🔍 任务描述

Flash 中元件是可以重复使用的资源。使用元件可以是编辑动画变得更加简单，元件包括图形、按钮和动画。将元件拖到舞台即创建了一个实例。元件和实例是组成一部影片的基本元素。库，顾名思义，我们可以理解为 Flash 动画制作的仓库，合理的使用元件、实例、库大大提高了动画的制作效率。本任务我们将对三者进行详细介绍，为以后的 Flash 动画制作打下良好的基础。

🔍 学习要点

知识：
　　1. 元件、实例和库的基本概念。
　　2. 创建元件和实例的方法。
　　3. 编辑元件和实例的方法。
　　4. "库"面板的使用。
技能：简化操作，优化使用，提高工作效率的能力。
素养：培养注重细节，精益求精，知行合一的工匠精神。

🔍 知识学习

6.1 元件及类型

1. 元件简介

元件是指 Flash CC 中创建的图形、按钮或影片剪辑，可以把它理解为话剧演员，演出前都保存在"库"面板这个后台中，使用时从库面板调用到 Flash 舞台中。元件具有可以套用；创建一次元件，可以重复使用；当修改一个元件时，所有重复使用的这个元件内容都会跟随改变等特点。另外，使用元件会明显减小文件的大小，如图 1-6-1 所示。

2. 元件的类型

Flash 元件主要有 3 种类型：影片剪辑、按钮和图形，不同的元件具有不同的功能，用户可以根据需要创建不同的元件。

（1）影片剪辑。影片剪辑是指一段完整的动画，不添加动作脚本控制情况下，在主场景中循环播放，具有独立的时间轴。在影片剪辑中可以包含"图形""按钮"及"影片剪辑"元件，还可以为影片剪辑添加滤镜或设置混合模式实现交互，如图 1-6-2 所示。

图1-6-1 元件、实例和库

图1-6-2 影片剪辑元件

（2）按钮。按钮的作用主要用于交互，共有4种状态：弹起、指针经过、按下和点击，如图1-6-3所示。

图1-6-3 按钮元件

①弹起：设置鼠标指针未经过按钮时的状态。

②指针经过：设置鼠标指针放在按钮上时的状态。

③按下：设置单击按钮时的状态。

④点击：用于控制响应鼠标指针动作范围的反应区，只有当鼠标指针放在反应区内时才会播放指定动画。

（3）图形。图形元件可用于静态图像，也可以作为一段动画，能够包含3种元件，拥有自己的时间轴，播放时与主场景的时间轴同步运行，但是图形元件不具有交互性，不能添加滤镜，如图1-6-4所示。

项目 1　开启动画之门

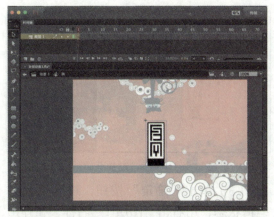

图1-6-4　图形元件

图形元件和影片剪辑相比，区别如下。

（1）图形元件可以直接在主场景舞台上播放查看元件的内容，而不像影片剪辑只能看到第 1 帧的内容，影片剪辑的内容只能输出为 SWF 动画文件或单击进入元件内部之后才能看到。

（2）图形元件可以根据需要，在属性栏中指定元件的播放方式，如循环播放、播放一次或从第几帧开始播放，如图 1-6-5 所示。

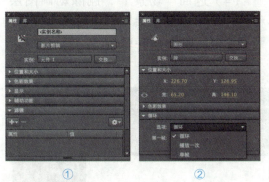

图1-6-5　影片剪辑和图形属性面板

6.2　创建元件

创建元件可以使用以下 3 种方法。

（1）通过舞台上选定的对象来创建一个元件。

（2）创建一个空元件，然后在元件编辑窗口中制作或导入内容。

（3）将已有的动画转换成元件。

下面详细介绍如何使用这 3 种方法来创建元件。

6.2.1　新建元件

通过创建空白元件，在元件编辑窗口中导入内容新建元件，具体操作过程如下。

（1）执行"插入"→"新建元件"命令，或按 Ctrl+F8 组合键，弹出"创建新元件"对话框，如图 1-6-6 所示。

图1-6-6　"创建新元件"对话框

（2）在"名称"文本框中输入元件的名称，如输入"花朵"，在"类型"下拉列表中选择元件类型，单击"确定"按钮即可，如图 1-6-7 所示。

图1-6-7　创建新元件

（3）这时 Flash 会将该元件添加到库中，并切换至该元件的编辑界面。此时可以绘制或导入素材，在元件编辑模式下元件的名称将出现在舞台左上角，如图 1-6-8 所示。

图1-6-8　元件编辑界面

75

6.2.2 将已有的动画转换为元件

当已经做好一段动画,并想用到其他地方,此时就需要将该动画转换为元件(影片剪辑或图形元件),具体操作如下。

(1)按住 Shift 键,在时间轴的层窗口中选择要复制的所有层并右击,在弹出的快捷菜单中选择"拷贝图层"选项,如图1-6-9 所示。

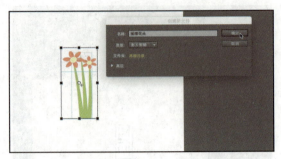

图1-6-10　创建影片剪辑元件

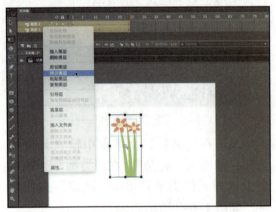

图1-6-9　"拷贝图层"选项

(2)选择"插入"→"新建元件"命令,新建一个"名称"为"摇摆花朵"的"影片剪辑"元件,如图1-6-10 所示。

(3)单击"确定"按钮,进入该元件编辑状态,用右击"图层1"名称,在弹出的快捷菜单中选择"粘贴图层"选项得到需要复制过来的所有图层,如图1-6-11 所示。

图1-6-11　"粘贴图层"选项

(4)返回"场景1",删除动画图层,将新建的"摇摆花朵"影片剪辑元件移动到场景中,如图1-6-12 所示。

①

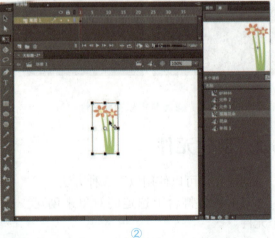
②

图1-6-12　删除图层并移入影片剪辑元件

6.3 编辑元件

当对元件进行编辑时，所有应用到该元件的实例都会发生相应的变化，此时，可以通过"在当前位置编辑""在新窗口中编辑"和"在元件编辑模式下编辑"3种方式编辑元件。一般情况下，双击该元件即可进入到元件内部进行编辑，下面分别讲解每种方法。

图1-6-13 在当前位置编辑

图1-6-14 编辑栏显示状态

6.3.1 在当前位置编辑元件

选中实例并右击，选择"编辑"→"在当前位置编辑"选项，进入"在当前位置编辑"状态，如图1-6-13~图1-6-14所示，此时其他元件呈灰色显示的状态，正在编辑的元件名称出现在编辑栏的左侧，场景名称的右侧。

6.3.2 在新窗口中编辑元件

在舞台上，右击一个元件，选择"在新窗口中编辑"选项，即可在一个新窗口中对元件进行编辑，如图1-6-15所示。

①

②

图1-6-15 在新窗口中编辑

6.3.3 在元件的编辑模式下编辑元件

在"库"面板中双击要编辑的元件就可以直接进行编辑，如图1-6-16所示。另外，还可以在舞台中选中元件，选择"编辑"→"编辑元件"→"编辑所选项目"选项，也可以在元件的"编辑"模式下编辑元件。

图1-6-16 在库面板双击编辑

提示：一般情况下直接双击元件实例，进行编辑，用户可以根据自己的习惯选择一个编辑元件的方式。

6.4 实例

创建元件是为了使用在 Flash 动画中，元件一旦从"库"中拖到舞台或其他元件中，即成了实例。所以，实例是元件的具体应用。

6.4.1 创建实例

元件一旦应用到场景中，便成为实例，每个实例都拥有自己的属性，可以利用属性面板来调整实例的样式，或者对实例进行倾斜、旋转、缩放等处理。

创建实例的方法很简单，只需要在"库"面板选中元件并拖动到场景中，即可完成创建，如图 1-6-17 所示。

① ②

图1-6-17 创建实例

6.4.2 复制实例

在制作动画的过程中，经常需要重复使用实例，此时不用频繁从库中拖曳元件，只需要选择场景中的实例，按住 Alt 键拖动实例，此时鼠标指针右下角显示为"+"，将复制的实例移动到需要的位置即可，在场景中调整实例大小，方向不影响元件内部内容，如图 1-6-18 所示。

① ②

图1-6-18 复制实例

6.4.3 改变实例类型

制作动画时,实例类型可以根据动画需要在其属性面板中相互转换,如图1-6-19所示。

图1-6-19 改变实例类型

6.4.4 改变实例色彩

元件实例的色彩效果是可以更改的,在"属性"面板→"色彩效果"→"样式"下拉列表中共有4种调整元件实例的方式,即亮度、色调、高级、Alpha,用户可以根据需要调整实例,如图1-6-20所示。

图6-30 改变实例色彩

若需要对元件实例进行渐变动画调整,可以通过制作补间动画来调整。

6.4.5 交换实例与打散实例

在应用实例后,可以根据需要对元件实例内部进行更改,但不影响原始元件内部内容,此时,可以通过交换实例实现,即复制出一个新元件,而更改此元件内容,原始元件不受影响。具体方法如下。

(1)在场景中,单击需要更换的实例,在该实例"属性"面板中单击"交换"按钮,如图1-6-21所示。

图1-6-21 "属性"面板

(2)在弹出的"交换元件"对话框中选择需要交换的元件,单击"确定"按钮,输入更新后的元件名称,单击"确定"按钮,如图1-6-22所示。

图1-6-22 交换元件

6.5 库

可以把"库"理解为动画制作的仓库,它是用来存放和管理元件、插图、视频和声音等元素的,使用"库"面板可以省去很多重复操作,方法也很简单,只需在"库"面板中选中对象拖曳到场景中即可,而且不同文档之间的库可以相互调用。

6.5.1 "库"面板简介

在Flash菜单栏的"窗口"菜单中可以把"库"面板窗口调出来方便使用,打开"库"面板,如图1-6-23所示。库面板包括标题栏、预览窗口、文件列表,以及库文件管理工具等。

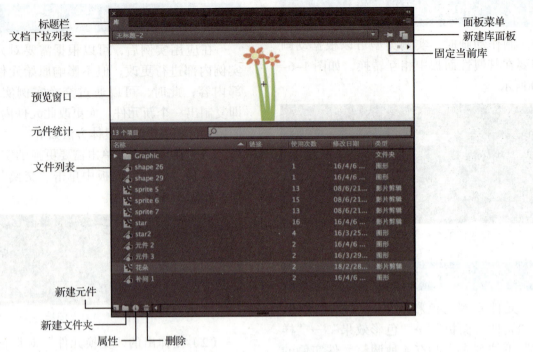

图1-6-23 "库"面板详细说明

"库"面板中各组成部分的功能如下。

标题栏：当前文件名称。

文档下拉列表：当前文件名称，通过右侧下拉按钮可以选择 Flash 当前打开的文件。

面板菜单：单击"面板菜单"按钮，在弹出的菜单中选择并执行相关命令。

新建库面板：单击"新建库面板"按钮，可以新建一个"库"面板。

固定当前库：可以锁定某一个库。

预览窗口：当前所选对象的内容。

元件统计：当前库中项目的总数。

文件列表：显示库中所有素材，包括素材的类型、使用次数、修改时间等。

新建元件按钮：单击该按钮，弹出"新建元件"对话框。

新建文件夹按钮：可以新建文件夹，用于整理库中素材。

属性按钮：用于打开相应元件属性。

删除按钮：用于删除元件或文件夹。

6.5.2　创建库文件夹

当库中项目种类繁多，不便于查找时，可以利用创建库文件夹进行整理，"库"面板中可以同时包含多个不重名的库文件夹。创建库文件夹的方法如下。

单击"库"面板下方的新建文件夹按钮，在文本框中输入文件夹的名称即可，或者右击文件夹在弹出菜单中选择"重命名"选项，如图1-6-24所示。

①

②

图1-6-24　新建文件夹

6.5.3 共享库资源

共享库资源是指将一个 Flash 文件库面板的资源共享，在制作其他 Flash 文件时，随时可以调用。这样，可以减少很多重复的动画制作，减少动画制作周期。下面介绍库资源的共享与应用。

1. 运行时共享库资源

允许在某个 Flash 文件中使用来自其他 Flash 文件的资源。当多个 Flash 文件需要使用同一资源时，此功能非常有用。

运行时共享资源，源文档的资源是以外部文件的形式链接到目标文档中的。使用方法：右击"库"面板的元件名称，在弹出的快捷菜单中选择"属性"选项，弹出"元件属性"对话框，如图 1-6-25 所示。在"元件属性"对话框中选择"高级"选项，即可展开"运行时共享库"等更多选项，如图 1-6-26 所示。

图1-6-25 "元件属性"对话框

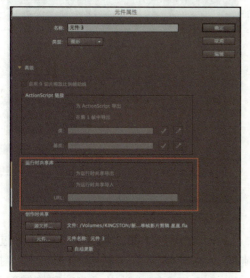

图1-6-26 运行时共享资源库

2. 解决库资源之间的冲突

当将一个库资源导入或复制到已经含有同名的不同资源的文档中，此时系统会弹出目标素材冲突的对话框，可以通过重命名来解决该冲突，如图 1-6-27 所示。

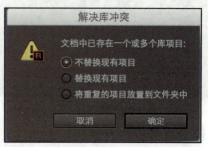

图1-6-27 "解决库冲突"对话框

在"解决库冲突"对话框中可以执行以下操作。

（1）如果需要保留当前文件资源，选中"不替换现有项目"单选按钮。

（2）如果要用同名的素材替换当前文件资源，选中"替换现有项目"单选按钮。

（3）如果需要保留当前文件资源和新的文件资源，选中"将重复的项目放置到文件夹中"单选按钮。

探究活动

实战演练：转换元件

在制作过程中，可以将舞台上的对象转化为元件，可按照以下操作进行。

（1）选中对象，选择"修改"→"转换为元件"命令或按 F8 键，这时弹出"转换为元件"对话框，如图 1-6-28 所示。

图1-6-28 "转换为元件"对话框

（2）在"名称"文本框中输入元件的

名称，在"类型"下拉列表中选择元件类型，在"对齐"区域选择元件的中心点，设置完成后单击"确定"按钮即可，如图1-6-29所示。

图1-6-29 转换为"球"元件

除此之外，将对象转化为元件还有以下几种方法。

（1）在选择的对象上右击，在弹出的菜单中选择"转换为元件"命令。

（2）直接将选择的对象拖曳至"库"面板中。

实战演练：动态按钮元件设计。

下面通过制作动态按钮来温习巩固前面的内容。

（1）打开素材文件"素材\第6章\6-动态按钮.fla"，如图1-6-30所示。

图1-6-30 6-动态按钮

（2）使用"选择工具"选中图标和文字并右击，在弹出的快捷菜单中选择"转换为元件"选项，弹出"转换为元件"对话框，如图1-6-31所示。

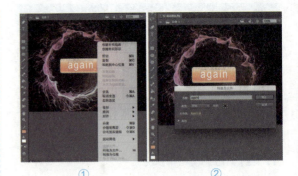

① ②

图1-6-31 转换为按钮元件

（3）单击"确定"按钮，执行"窗口"→"库"命令，打开"库"面板，可以看到新创建的按钮元件，双击该图标，进入元件编辑区，如图1-6-32所示。

① ②

图1-6-32 编辑按钮元件

（4）选中图层1第1帧，即"弹起"帧，在图标和文字都选中的情况下右击，将两者转换成为图形元件并命名为按钮图形，如图1-6-33所示。

图1-6-33 转换为图形元件

（5）在图层1第2帧，即"指针滑过"帧插入关键帧，单击按钮图形元件，按Ctrl+Alt+S组合键，弹出"缩放和旋转"对话框,缩放大小设置为150%,单击"确定"按钮,如图1-6-34所示。

图1-6-34 添加关键帧

(6)在第3帧,即"按下"帧插入关键帧,单击按钮图形元件,按Ctrl+Alt+S组合键弹出"缩放和旋转"对话框,缩放大小设置为80%。同时,在按钮图形元件被选中的情况下,选择"属性",在"属性"面板中设置"色彩效果"→"样式"→"高级"→"数值",如图1-6-35所示。

① ②

图1-6-35 设置"按下"帧

(7)在第4帧,即"点击"帧右击添加关键帧,在按钮图形元件被选中的情况下,选择"属性",在"属性"面板中设置"色彩效果"→"样式"→"无",如图1-6-36所示。

图1-6-36 设置"点击"帧

(8)完成该动画的制作,回到场景,按Ctrl+Enter组合键测试动画效果,如图1-6-37所示。

①

②

图1-6-37 测试动画效果

🔍 拓展延伸

视频演示:创建影片剪辑元件

扫一扫
学操作

自我评价

知识与技能点	知识理解程度	技能掌握程度	学习收效
创建、编辑元件、实例和库的方法技巧			

项目总结

通过本项目的学习，对 Flash CC 基础操作有了完整和系统的学习，了解了 Flash 的前世今生，掌握了 Flash CC 安装与卸载，明确了使用术语及文件格式；熟悉了 Flash CC 基本操作；Flash CC 的绘制功能；能熟练的使用"时间轴"面板；熟练掌握了文本创建；灵活的运用元件、实例和库；等六个任务点的学习，开启动画之门，为丰富动画之旅做好准备。

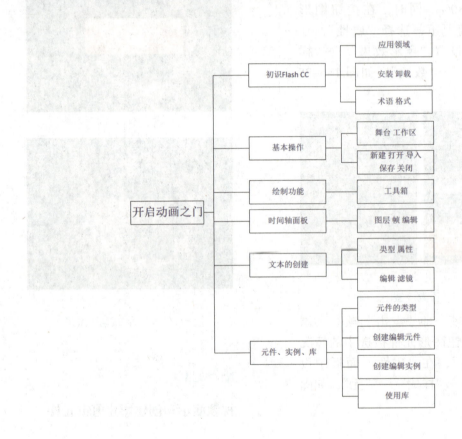

84

项目 2

丰富动画之旅

　　Flash CC 是一款集动画创作与应用程序开发于一身的创作软件。在前期学习的基础上，开展丰富动画之旅项目，感受各类型动画带来的神奇效果。配上声音和视频元素，使动画效果拥有极佳的表现力，烘托氛围使得动画效果更加完美。运用组件与 ActionScript3.0 结合，使得 Flash 动画能轻松的实现交互。动画制作完成后将动画导出，便于在不同环境下使用，应用广泛。

项目情景

　　从海底世界、儿童乐园、花朵生长、夜光下的小兔子，感受美好生活，追忆儿时的快乐时光，生活一级棒，常怀感恩之心，运用各类典型动画，声音和视频的极佳表现力烘托氛围。常用组件的运用与 ActionScript3.0 结合，轻松实现交互，发布作品，丰富动画之旅。

学习目标

1. 熟练掌握 Flash 各类动画的制作方法和技巧。
2. 掌握声音和视频在 Flash 中的应用。
3. 掌握常用组件的应用技巧。
4. 了解最基本的 ActionScript3.0 语句，熟练使用代码片断添加常用代码。
5. 了解动画的测试与发布，熟练常用格式的测试、优化、发布。

■任务 7　　Flash 动画制作
■任务 8　　声音和视频的应用
■任务 9　　组件的应用
■任务 10　ActionScript3.0 应用
■任务 11　动画的测试与发布

任务7　Flash动画制作

🔍 任务描述

基于元件、实例和库面板的使用我们已经学习过了，本任务我们将真正的利用已学知识开始 Flash 基本动画制作的基本内容。Flash 中的基本动画包括逐帧动画、补间动画、引导层动画和遮罩动画等。本任务将针对这些内容进行详细的讲解，以熟练运用各类型动画完成神奇的动画效果。

🔍 学习要点

知识：
1. 逐帧动画的制作方法。
2. 补间动画的制作方法。
3. 引导层动画的制作方法。
4. 遮罩动画的制作方法。

技能： 培养学生动画设计、色彩设计、理论联系实际的能力。

素养： 提升审美能力，感受美好事物，常怀感恩，奉献社会，培养良好的人生价值观。

🔍 知识学习

7.1 逐帧动画

动画是利用视觉暂留原理，将一幅幅连续的静态画面连起来播放，给人一种动态的感觉。而逐帧动画便是传统动画的制作方法，它的每一帧都是关键帧，都会更改舞台内容。逐帧动画制作起来工作量大、对制作者绘图水平要求较高，相对补间动画来讲占用空间也大很多，但是，动画效果流畅、逼真，适合制作复杂动画。

7.1.1　导入逐帧动画

在 Flash CC 中，可以通过导入图像序列创建逐帧动画，可以导入如 JPEG、PNG、GIF 等格式的图像，当导入图像序列第一帧时，软件会自动弹出对话框，提示是否导入序列中的所有图像，如图 2-7-1 所示。

图 2-7-1　导入逐帧动画

②

图2-7-1 导入逐帧动画（续）

7.2 补间形状动画

补间形状动画是 Flash 中"形状"与"形状"之间的变形动画，也就是从一个"形状"逐渐变化成另一个"形状"。

7.2.1 了解补间形状动画

补间形状动画一般用于几个简单的形状，也可以对形状的位置和颜色进行补间。制作的前提是此图层必须只有需要制作动画的对象，而且只能是绘制对象或打散的形状，不能是元件、组。可以通过执行"插入"→"补间形状"命令，在两个关键帧之间添加补间形状动画，如图 2-7-2 所示。

图2-7-2 形状补间动画

7.3 传统补间动画

在 Flash CC 中，创建的补间动画称为传统补间动画，当需要在动画中展示移动位置、改变大小、旋转、改变色彩等效果时，就可以使用传统补间动画。在制作传统补间动画时，用户只需要对最后一个关键帧进行改变，中间的变化过程即可自动形成。

7.3.1 了解传统补间动画

传统补间动画首先需要创建起始帧和结束帧，两个关键帧中的内容必须是同一个元件，而且必须在同一层，此图层中只有这个元件，如图 2-7-3 所示。

在传统补间动画中，补间帧是自动生成的，不可编辑，可以通过改变关键帧来改变补间帧。

图2-7-3 创建传统补间动画

在 Flash CC 中,选择图层中传统补间中的帧,在"属性"面板的"补间"选项区域可以微调动画,如图 2-7-4 所示。

图2-7-4 调节动画属性

(1)缓动:指运动补间的变速调整,"缓动"的数值为 -100~100 的任意整数,代表运动元件的加速度。"缓动"是负数,则元件作加速运动,"缓动"是正数,则元件作减速运动,如果"缓动"是 0,则元件匀速运动。

(2)旋转:指在动画运动时,对象按顺时针或逆时针旋转,并可设置旋转次数。

(3)贴紧:选中此复选框,可以使对象紧贴路径移动。

(4)调整到路径:在引导层动画中使用,可以让对象按设定好的路径移动。

(5)沿路径缩放:选中此复选框,Flash 中对象以某一点为中心缩放。

(6)同步:选中此复选框,使图形元件的运动补间动画与主时间轴一致。

(7)缩放:选中此复选框,可以改变对象的大小。

7.4 引导动画

在 Flash 中可以让实例沿路径进行运动。将一个或多个层链接到一个运动引导层,使它们沿同一条路径运动的动画形式称为引导层动画。

7.4.1 引导层动画原理

引导层动画使实例沿着一个设定好的路径运动,只需要固定好起始点和结束点,实例就可以沿着路径运动,这条路径就称为引导线。

7.5 遮罩动画

遮罩动画是 Flash 动画中非常重要的一种动画类型,很多动画效果都是通过遮罩动画来完成的。

7.5.1 遮罩层动画原理

遮罩动画是通过两个图层来完成的,上面的图层为遮罩层,下面的图层为被遮罩层,原理是遮住的地方显示,也就是遮罩层覆盖到下面实例的地方显示。遮罩层只有一个,但是被遮罩层可以有多个,如图 2-7-5 所示。

图2-7-5　遮照层和被遮照层

在制作遮罩动画时应注意以下几点。
（1）若想要动态效果的遮罩，可以让遮罩层动起来。
（2）若想画面有渐变到无的效果，可以将遮罩层制作成渐变色。
（3）遮罩层只有在关联图层都锁定的时候，才能在场景中显示出效果。

探究活动

实战演练：制作逐帧动画。

（1）新建一个 600 像素 ×425 像素、"帧频"为 12fps 的空白文档，如图 2-7-6 所示。

扫一扫
学操作

图2-7-6　新建文档

（2）将给定素材执行"文件"→"导入"→"导入到库"命令，从库中将背景拖曳到舞台上，相对于舞台对齐，如图 2-7-7 所示。

图2-7-7　中心点对应

（3）按 Ctrl＋F8 组合键新建影片剪辑元件，自动进入编辑模式，在库中拖曳 image02 文件到场景中，按 Q 键将中心点与"十"字形对应，如图 2-7-8 所示。

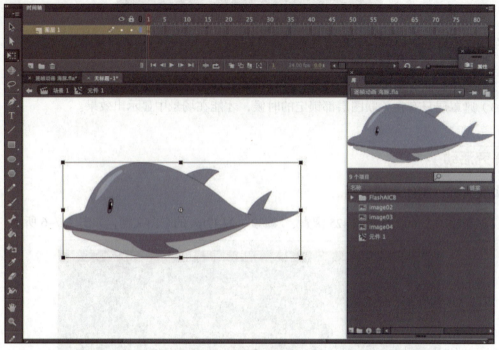

图2-7-8　新建影片剪辑元件

（4）在第 4 帧位置插入空白关键帧，将 image02 文件拖动到场景中，注意中心点与"十"字形对应，如图 2-7-9 所示。

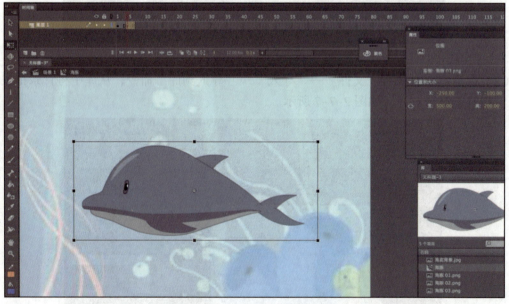

图2-7-9　添加动作素材

（5）在第 7 帧位置插入空白关键帧，将 image03 文件拖动到场景中，注意中心点与"十"字形对应，单击第 10 帧右击插入帧，如图 2-7-10 所示。

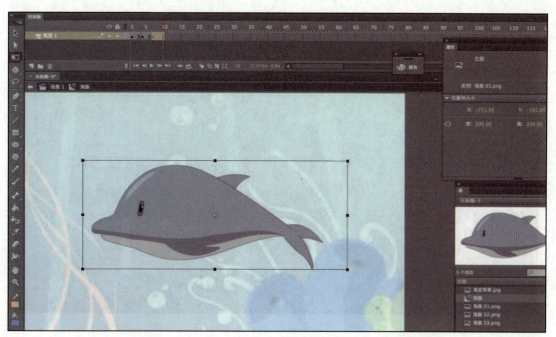

图2-7-10　添加动作素材

（6）回到场景中，新建图层2，将库中海豚影片剪辑拖动到舞台上，调整大小，按Ctrl+Enter组合键测试影片，如图2-7-11所示。

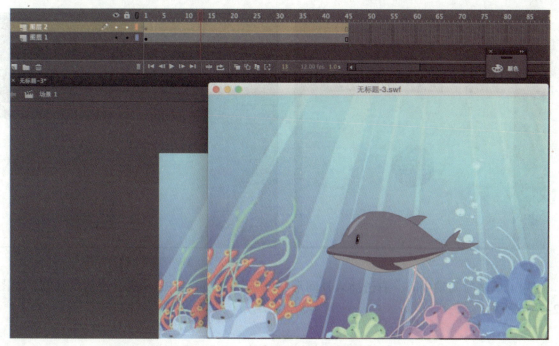

图2-7-11　新建图层并添加动作素材

实战演练：制作补间形状动画。

（1）新建一个550像素×400像素、"帧频"为24fps的空白文档，如图2-7-12所示。

图2-7-12 新建文档

（2）选择蓝色，单击椭圆工具按住 Shift 键绘制一个正圆形，如图 2-7-13 所示。

（3）选择绿色，在第 10 帧插入空白关键帧，单击矩形工具绘制一个矩形，如图 2-7-14 所示。

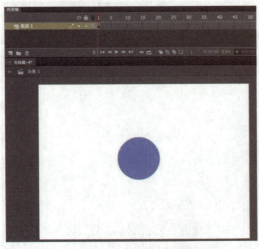

图2-7-13 绘制正圆　　　　　　　　图2-7-14 绘制矩形

（4）单击时间轴中间，右击插入补间形状动画，按 Ctrl + Enter 组合键测试动画，如图 2-7-15 所示。

项目2　丰富动画之旅

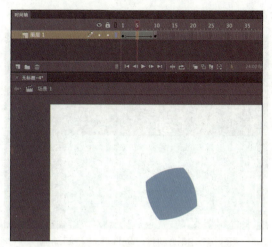

图2-7-15　创建补间形状

图2-7-18　复制图层

实战演练：制作传统补间动画淡出文字。

（1）新建一个550像素×400像素、"帧频"为12fps的空白文档，如图2-7-16所示。

图2-7-16　新建文档

（2）舞台颜色如图2-7-17所示，在第一帧输入文字"运动补间动画"，按Ctrl+B组合键打散。

图2-7-17　输入文字

（3）选择图层并复制图层，锁定最下面的图层1，如图2-7-18所示。

（4）选择图层1，将每一个文字分别转换成图形元件，并以该字命名，如图2-7-19所示。

扫一扫
学操作

图2-7-19　转换元件

（5）选中所有元件并右击，在弹出的快捷菜单中选择"分散到图层"选项，删除最上面空白帧图层1，如图2-7-20所示。

图2-7-20　分散到图层

（6）选中所有图层的第55帧，右击插入帧或按F5键，如图2-7-21所示。

图2-7-21 插入帧

（7）选择图层"运"，在第10帧右击插入关键帧，将文字"运"移动到画面外，单击元件，选择"属性"，设置"色彩效果"→"样式"→"Alpha"→"0"，选择第1帧到第10帧中的任意帧，右击创建传统补间动画，如图2-7-22所示。

图2-7-22 为"运"字创建补间动画

（8）单击补间动画中间帧部分，选择"属性"→"旋转"→"顺时针"，如图2-7-23所示。

图2-7-23 调整补间动画属性为顺时针旋转

（9）选择图层"动"，第5帧右击插入关键帧，第15帧插入关键帧，将文字"动"移动到画面外，右击元件，选择"属性"，设置"色彩效果"→"样式"→"Alpha"→"0"，选择第5帧到第15帧中的任意帧，右击创建传统补间动画，如图7-23所示。单击补间动画中间帧部分，选择"属性"→"旋转"→"顺时针"

选项。

图2-7-24 制作"动"传统补间动画

（10）选择图层"补"，第10帧右击插入关键帧，第20帧插入关键帧，将文字"补"移动到画面外，右击元件，选择"属性"，设置"色彩效果"→"样式"→"Alpha"→"0"，单击第10帧到第20帧中的任意帧，右击创建传统补间动画，单击补间动画中间帧部分，选择"属性"→"旋转"→"顺时针"选项，如图2-7-25所示。

图2-7-25 制作"补"传统补间动画

（11）选择图层"间"，第15帧右击插入关键帧，第25帧插入关键帧，将文字"间"移动到画面外，右击元件，选择"属性"，设置"色彩效果"→"样式"→"Alpha"→"0"，单击第15帧到第25帧中的任意帧，右击创建传统补间动画，单击补间动画中间帧部分，选择"属性"→"旋转"→"顺时针",如图2-7-26所示。

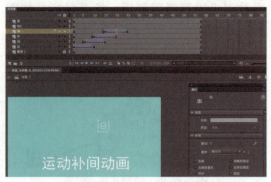

图2-7-26 制作"间"传统补间动画

（12）选择图层"动2",第20帧右击插入关键帧,第30帧插入关键帧,将文字"动"移动到画面外,右击元件,选择"属性",设置"色彩效果"→"样式"→"Alpha"→"0",单击第20帧到第30帧中的任意帧,右击创建传统补间动画,单击补间动画中间帧部分,选择"属性"→"旋转"→"顺时针",如图2-7-27所示。

图2-7-27 制作"动"传统补间动画

（13）选择图层"画",第25帧右击插入关键帧,第35帧插入关键帧,将文字"画"移动到画面外,右击元件,选择"属性",设置"色彩效果"→"样式"→"Alpha"→"0",单击第25帧到第35帧中的任意帧,右击创建传统补间动画,单击补间动画中间帧部分,选择"属性"→"旋转"→"顺时针",如图2-7-28

所示。

图2-7-28 制作"画"传统补间动画

（14）按 Ctrl + Enter 组合键测试影片,如图2-7-29所示。

图2-7-29 测试动画淡出文字

实战演练：制作蝴蝶飞舞引导层动画。

（1）打开第7章中的引导层动画背景素材文件,新建"图层4",从"库"面板中将"蝴蝶"元件拖入到舞台中,如图2-7-30所示。

扫一扫
学操作

图2-7-30 打开素材文件

（2）新建"图层5"，使用"椭圆工具"将填充颜色设置成"无"，在舞台中绘制路径，选择"图层5"并右击，选择"引导层"选项如图2-7-31所示。

图2-7-31　绘制引导层路径

（3）选择绘制好的椭圆路径，删除一段线段，将其由封闭路径变成开放路径，从而有了起点和终点，如图2-7-32所示。

图2-7-32　改变封闭路径

（4）选中"图层4"向上拖动，将其转换为被引导图层，如图2-7-33所示。

图2-7-33　设置被引导层

（5）单击工具栏下方"吸铁石"按钮，将其打开，如图2-7-34所示。

图2-7-34　打开"吸铁石"选项

（6）选中"任意变形工具"，调整蝴蝶的飞行方向，并移动到椭圆线段的起点，当看到吸铁石吸附好后，松开鼠标，如图2-7-35所示。

图2-7-35　调整起始点位置

（7）选择"图层4"第50帧，按F6键插入关键帧，将蝴蝶移动到椭圆终点位置，当吸铁石吸附好后松开鼠标，利用任意变形工具调整蝴蝶的方向，如图2-7-36所示。

图2-7-36　调整终点位置

（8）选择"图层4"第21帧，按F6键插入关键帧，用任意变形工具微调蝴蝶飞行方向，第25帧插入关键帧，调整蝴蝶飞行方向，第46帧插入关键帧，调整图层方向，如图2-7-37所示。

图2-7-37　调整蝴蝶飞行方向

（9）选中"图层5"中间部分，右击插入传统补间动画，如图2-7-38所示。

图2-7-38 创建传统补间动画

（10）完成该动画的制作，按 Ctrl+Enter 组合键测试动画效果，如图2-7-39 所示。

图2-7-39 测试动画

实战演练：制作花朵生长遮罩动画。

（1）打开第7章中的遮罩动画背景素材文件，新建"图层3"，绘制矩形，将中心点调整到下方，如图2-7-40 所示。

（2）单击"图层3"第15帧，按F6键插入关键帧，利用任意变形工具，拉宽矩形，如图2-7-41 所示。

图2-7-40 绘制遮罩层

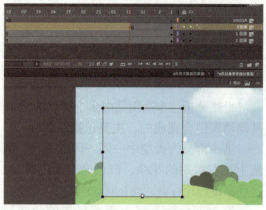

图2-7-41 调整图形

（3）选中"图层3"第1~15帧中间任意帧并右击创建形状补间动画，如图2-7-42 所示。

图2-7-42 制作遮罩层动画

（4）选中"图层3"并右击，选择"遮罩层"，此时图层2自动变为被遮罩层，如图2-7-43 所示。

扫一扫
学操作

图2-7-43 制作遮罩层动画

（5）完成该动画的制作，按 Ctrl+Enter 组合键测试动画效果，如图2-7-44 所示。

图2-7-44 测试动画

拓展延伸

综合案例：《夜光下的小兔子》

思路分析：本案例是由多个简单的 Flash 基础动画组合完成的，主要包括四部分。

第一部分为天空中一闪一闪的星星、草地上左右摇摆的花朵、白色光点上下移动，这些都是影片剪辑运动补间动画的循环播放。

第二部分为月亮上逐渐显现的兔妈妈遮罩动画。

第三部分为流星划过的引导层动画。

（1）打开第 7 章中的综合实例背景素材，新建图层重命名为"星星"，如图 2-7-45 所示。

图 2-7-45　打开素材文件

（2）填充色为淡黄色，描边颜色为"无"，利用多角星形工具，设置工具的参数如图 2-7-46 所示，绘制五角星。

图 2-7-46　工具设置参数

（3）右击五角星转换为影片剪辑元件，命名为"星动画"，如图 2-7-47 所示。

图 2-7-47　转换为影片剪辑元件

（4）双击进入"星动画"影片剪辑，右击五角星转换为图形元件，命名为"星星"，如图 2-7-48 所示。

图 2-7-48　转换为图形元件

（5）选择"图层 1"图层，第 5 帧插入关键帧，单击星星元件，设置"属性"→"色彩效果"→"Alpha"值为 0，如图 2-7-49 所示。

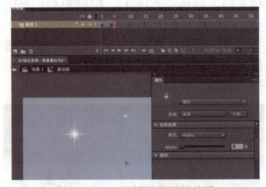

图 2-7-49　编辑星星影片剪辑

（6）单击第 10 帧，按 F6 键插入关键帧，单击星星元件，Alpha 值调整为 100%，创建传统补间动画，如图 2-7-50 所示。

图2-7-50　制作星星闪动动画

（7）回到场景中，按住 Alt 键拖曳复制星星影片剪辑元件，利用 Ctrl + Alt + S 组合键调整元件大小，使其参差不齐，更加美观，如图 2-7-51 所示。

图2-7-51　复制星星闪动动画

（8）新建图层"花"，选择"库"，将花朵、花茎元件移动到舞台上，按住 Alt 键复制两个花朵，调整大小及位置，组合为一棵完整的花草，并全部选中右击转换为影片剪辑元件，命名为"花朵摆动动画"，如图 2-7-52 所示。

图2-7-52　制作花朵摆动动画

（9）双击进入花朵影片剪辑，全选花草整体右击转换为图形元件，命名为"花草"，如图 2-7-53 所示。

图2-7-53　转换为图形元件

（10）将花草元件的中心点移动到下方，如图 2-7-54 所示。

图2-7-54　调整中心点

（11）在"图层1"第15帧、第30帧按 F6 键插入关键帧，调整花草的倾斜度，稍微左右摆动就好，第1帧和第30帧位置相同，如图 2-7-55 所示。

图2-7-55　调整花朵摆动位置

（12）选择第1~30帧中间位置，右击创建传统补间动画，如图 2-7-56 所示。

图2-7-56 创建传统补间动画

（13）回到场景，和星星动画相同，复制花草影片剪辑元件，调整大小和位置，尽量美观，如图2-7-57所示。

图2-7-57 完成花朵摆动动画

（14）新建图层，命名为"引导层"，绘制一条弧线，作为引导层路径，右击此图层，选择"引导层"，如图2-7-58所示。

图2-7-58 绘制引导层路径

（15）新建图层，命名为"复杂星星"，将"库"中"复杂星星"元件拖动到舞台上，同时单击此图层将它移动到引导层处，将它变为被引导层，打开"吸铁石"，利用任意变形工具，将复杂星星吸附到路径起点，如图2-7-59所示。

图2-7-59 创建被引导层

（16）将所有图层延续到第55帧，选择"复杂星星"图层，第15帧插入关键帧，利用任意变形工具将元件吸附到终点位置，单击元件，设置"属性"→"色彩效果"→"Alpha"→"0"，创建传统补间动画，如图2-7-60所示。

图2-7-60 完成引导层动画

（17）在最上方新建图层，命名为"兔妈妈"，将"库"中的"兔妈妈"元件拖动到舞台上，单击元件，调整"属性"→"色彩效果"→"亮度"→"30%"，如图2-7-61所示。

图2-7-61 新建图层制作遮罩动画

（18）新建图层，命名为"遮罩层"，利用椭圆工具绘制一个极小的圆，填充颜色为白色，并转换为图形元件，如图2-7-62所示。

图2-7-62　绘制遮罩层

（19）单击第15帧插入关键帧，将图形元件放大，覆盖住"兔妈妈"，创建补间动画，右击"遮罩层"转换为遮罩层，如图2-7-63所示。

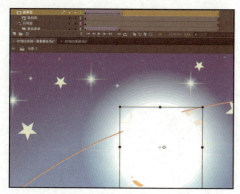

图2-7-63　完成遮罩动画

（20）锁定"遮罩层"后，遮罩功能才显示，所以在不修改情况下锁定遮罩层和被遮罩层，如图2-7-64所示。

图2-7-64　锁定遮照层和被遮照层

（21）新建图层，命名为"兔子"，移动到背景上一层，调整位置，如图2-7-65所示。

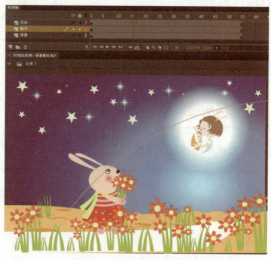

图2-7-65　添加兔子元件

（22）完成该动画的制作，按Ctrl+Enter组合键测试动画效果，如图2-7-66所示。

图2-7-66　测试动画

视频演示：制作典型动画

扫一扫
学操作

🔍 自我评价

知识与技能点	知识理解程度	技能掌握程度	学习收效
逐帧动画的制作方法			
补间动画的制作方法			
引导层动画的制作方法			
遮罩动画的制作方法			

任务8　声音和视频的应用

任务描述
在 Flash 动画设计中，合理的运用声音和视频元素能够使动画效果拥有极佳的表现力。烘托氛围使得动画效果更加完美。在 Flash CC 中声音和视频的处理能力更近完善。本任务主要针对声音和视频的添加和应用进行详细的讲解。

学习要点
知识：
1. 声音的格式与类型。
2. 声音的导入、添加。
3. 声音的编辑、优化与输出。
4. 常用视频的导入与处理。

技能：优化声音和视频的选用，达到最佳效果的应变能力和创新能力。
素养：提高学生审美，陶冶情操能力，从而温润心灵，热爱万物，向往美好。

知识学习

8.1　Flash中的声音

在 Flash CC 中，声音与视频的应用将会使动画效果表现得更加完美。Flash 提供了多种使用声音的方式，通过不同的设置方式，可以将动画与音轨保持同步。还可以使声音独立于时间轴连续播放。向按钮添加声音，使按钮具有更强的互动性。另外，通过设置淡入淡出效果可以使声音更加自然完美地体现。

8.1.1　声音的格式

声音格式文件本身比较大，会占用较大的磁盘空间和内存，所以在制作动画时尽量选择效果较好的、文件较小的声音文件，下面介绍最常用的声音格式。

（1）WAV：微软公司开发的一种声音文件格式，是录音时用的标准的 Windows 文件格式，文件的扩展名为 .wav，属于无损音乐格式的一种。作为最经典的 Windows 多媒体音频格式，应用广泛。音频格式的优点包括简单的编/解码，支持无损耗存储。主要缺点是需要音频存储空间。因此，并没有得到广泛应用。

（2）MP3：使用最为广泛的一种数字音频格式。MP3 是一种压缩格式，利用 MPEG Audio Layer 技术，将音乐以 1 : 10 或 1 : 12 的压缩率，压缩成容量较小的文件。它丢弃掉脉冲编码调制音频数据中对人类听觉不重要的数据。能够在音质丢失很小的情况下把文件压缩到更小的程度，而且还非常好地保持了原来的音质。对于追求体积小，音质好的 Flash MIV 来说，MP3 是最理想的格式。

（3）AIFF：音频交换文件格式的英文缩写，是Apple公司开发的苹果电脑上的标准音频格式，属于QuickTime技术的一个部分。应用于个人计算机及其他电子音响设备以存储音乐数据。

提示：MP3声音数据是经过压缩处理的，比WAV或AIFF文件小。如果使用WAV或AIFF文件，要使用16位22kHz单声道，如果要向Flash添加声音效果，最好导入16位声音。如果内存有限，可以使用短的声音文件或8位声音文件。

8.1.2　声音的类型

在Flash CC中，支持的声音文件有两种类型：事件声音和流声音。

1. 事件声音

事件声音必须下载完成后才能播放，一旦开始播放，中间是不能停止的事件，事件声音可以用于制作单击按钮时出现的声音效果。建议用在比较小的声音文件上。

2. 流声音

流声音与动画播放保持同步。流声音可以边下载边播放，可以把流声音与动画中的可视元素同步播放。动画结束，声音的播放也会结束。它是以流的方式分布在所需要的帧中，动画下载时比较流畅。声音文件在下载过程中播放，非常适合在网络上传播。

图2-8-1　"导入到库"对话框

8.1.3　导入声音

当准备好所需要的声音素材后，通过导入的方法，将其导入到库或舞台中，并添加到动画中，以增强作品的效果。

在Flash CC中导入声音，执行"文件"→"导入"→"导入到库"命令，弹出"导入到库"对话框，如图2-8-1所示。通过该对话框定位并选择打开所需的声音文件。单击"打开"按钮，即可将音频文件导入到"库"面板中，可以看到一个喇叭图标即为刚刚导入的声音文件，如图2-8-2所示。

图2-8-2　"库"面板

声音导入到"库"面板后，选中图层，将声音从"库"面板中拖入舞台中，即可添加声音到当前图层中。也可以快速导入声音文件，执行"文件"→"导入"→"导入到舞台"命令，将音频文件导入到文档中。"时间轴"面板出现声音的波形，如图2-8-3所示。

图2-8-3 "时间轴"面板

8.1.4 添加声音

在Flash中使用声音分为：为按钮添加声音和为影片剪辑添加声音。下面将对此进行详细讲解。

8.1.5 编辑声音

在Flash中，声音添加完成后，用户可以对声音进行设置和编辑，如定义声音的起始点或在播放时控制声音的音量，还可以改变声音开始播放和停止播放的位置。

1. 设置声音的属性

（1）打开"库"面板，在声音文件上右击，在弹出的快捷菜单中选择"属性"选项。

（2）打开"库"面板，双击"库"面板中声音文件前的小喇叭图标，可以弹出"声音属性"对话框。

（3）打开"库"面板，选择声音文件，单击面板底部的"属性"按钮。打开"声音属性"对话框，可以对导入的声音进行属性设置，如图2-8-4所示。

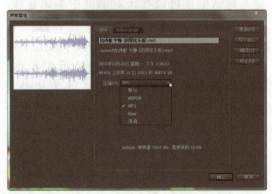

图2-8-4 "声音属性"对话框

"声音属性"对话框中各主要选项的含义如下。

名称：显示当前声音文件的名称，也可以手动输入，为声音设置新的名称。

压缩：用来设置声音文件在Flash中5种压缩方式，分别为默认、ADPCM、MP3、RAW和语音。

更新：如果声音文件已经被编辑过了，单击该按钮，可以更新改动的声音文件。

导入：单击该按钮，导入的新声音文件将替换原有的声音文件，但是声音文件的名称不发生改变。

测试：单击该按钮，可以看到不同的压缩对声音文件的影响。

停止：单击该按钮，可以在任意点暂停预览。

2. 设置声音的重复播放

设置声音在影片中重复播放。可以选中添加声音文件的帧，在"属性"面板中"重复"后的文本框中可以指定声音播放的次数。默认播放一次，可以在该文本框中输入较大的数值，如图2-8-5所示。

图2-8-5 声音"属性"面板

也可以单击"重复"下拉按钮，从下拉列表中选择"循环"选项以连续播放声音。设置为循环播放，文件的大小就会根据声音循环播放的次数而倍增，因此通常情况下，不建议设置为循环播放，如图2-8-6所示。

图2-8-6 设置循环播放

3. 声音与动画同步方式

同步是设置声音的同步类型,从而让声音与动画保持同步播放。可以选中添加声音文件的帧,单击"属性"面板"声音"选项区域中的"同步"下拉按钮,在"同步"下拉列表中提供了4个选项,如图2-8-7所示。

图2-8-8 "同步"下拉列表

事件:默认选项,事件声音在它的起始关键帧开始显示时播放,并独立于时间轴播放完整个声音,即使影片停止也会继续播放。当再次测试影片时会激活一个声音实例,事件声音会混合在一起。一般在不需要控制声音播放的动画中使用。

开始:与"事件"选项相似,区别在于,如果声音正在播放,则新声音就不会播放。

停止:可以使正在播放的声音停止播放。

数据流:同步声音,主要用于 Web 站点上同步播放声音,Flash 会协调动画与声音同步。声音流将随着动画的结束而停止播放。

4. 设置声音的效果

可以选中添加声音文件的帧,在"属性"面板的"效果"下拉列表中设置一种效果,如图2-8-9所示。

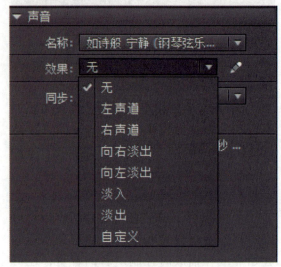

图2-8-9 "效果"下拉列表

无:不对声音使用任何效果。

左/右声道:只在左声道或右声道播放音频。

向右淡出:控制声音在播放时从左声道转到右声道。

向左淡出:控制声音在播放时从右声道转到左声道。

淡入:随着声音的播放逐渐增大音量。

淡出:随着声音的播放逐渐减小音量。

自定义:允许用户自行编辑声音的变化效果,选择该选项后,将弹出"编辑封套"对话框,可以在该对话框中编辑音频。也可以单击"编辑声音封套"按钮,在弹出的"编辑封套"对话框中分为上下两个编辑区,上方代表左声道波形编辑区,下方代表右声道波形编辑区,小方块是封套手柄,连线是封套线。通过此对话框可对其效果进行设置,如图2-8-10所示。

项目2 丰富动画之旅

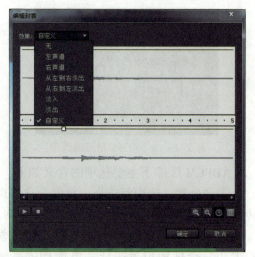

图2-8-10 "编辑封套"对话框

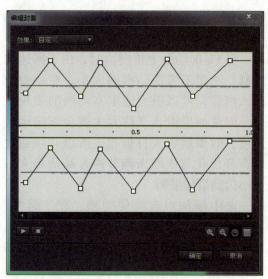

图2-8-11 封套手柄

效果：在下拉列表中用户可以设置声音的播放效果。

封套手柄：通过拖动封套手柄可以更改声音在播放时的音量高低，封套线显示了声音播放时的音量，单击封套线可以增加封套手柄，最多可达到8个手柄，如果想要将手柄删除，可以将封套线拖动至窗口外面，如图2-8-11所示。

播放声音/停止声音：单击这两个按钮可以播放和停止编辑后的声音。

放大/缩小：单击这两个按钮可以使窗口中的声音波形图样以放大或缩小模式显示。通过这些按钮可以对声音进行微调，如图2-8-12所示。

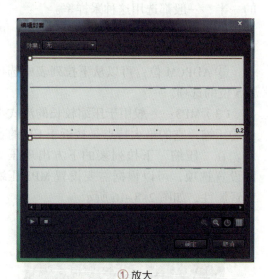

① 放大　　　　　　　　　　② 缩小

图2-8-12 波形图样放大或缩小

秒/帧：利用秒/帧按钮可以以秒数或帧数为度量单位转换窗口中的标尺。

107

8.1.6 优化声音

将 Flash 动画上传网页时，由于网速的限制，不得不考虑动画的大小。在动画中加入声音，可以极大地丰富动画的表现效果，但是如果声音文件太大就会影响运行速度，效果就会大打折扣，所以必须通过对声音优化与压缩来调节声音品质和文件大小达到最佳平衡。

选中添加声音文件的帧，在"属性"面板的"压缩"下拉列表中包含默认、ADPCM、MP3、RAW 和语音 5 个选项，如图 2-8-13 所示。

图 2-8-13 "压缩"下拉列表

（1）默认：选择"默认"选项，将使用默认的设置压缩声音。导出时提供一个通用的压缩设置，如图 2-8-14 所示。

图 2-8-14 选择"默认"选项

（2）ADPCM：一般用于较短事件声音的压缩，如鼠标点击音。在"压缩"下拉列表的下方出现压缩的设置选项，可以根据需要设置 ADPCM 声音属性，如图 2-8-15 所示。

图 2-8-15 ADPCM压缩选项

ADPCM 压缩下主要选项的含义如下。

①预处理：选中复选框，将混合立体声转换为单声道。原始声音为单声道不受影响。

②采样率：它的大小关系到音频文件的大小。合理地设置采样率既能增强音频效果，又能减小文件的大小。较低的采样率可减小文件大小，但也会降低声音的品质。不能提高导入声音的采样率。采样率下拉列表中各选项的含义如下。

- 5kHz 的采样率仅能达到一般的声音质量。
- 11kHz 的采样率是一般的音乐质量是 CD 音质的 1/4。
- 22kHz 采样率的声音可达到 CD 音质的一半，一般都选用这种采样率。
- 44kHz 采样率是标准 CD 的音质，可以达到很好的视听效果。

③ADPCM 位：可以从下拉列表中选择 2~5 位的选项。

（3）MP3：一般用于压缩较长的流式声音的压缩，它的最大特点是接近于 CD 的音质。在"压缩"下拉列表的下方出现压缩的设置选项，可以根据需要设置 MP3 压缩声音属性，如图 2-8-16 所示。

图 2-8-16 MP3压缩选项

MP3 压缩下主要选项的含义如下。

比特率：用于设定导出的声音文件每秒播放的位数。比特率的范围为 8~160kbps。比特率设为 16 kbps 或更高，以获得最佳效果。

品质：下拉列表中包含"快速""中"和"最佳"3 个选项。根据压缩文件的需求，进行适当的选择。

（4）RAW：导出的声音文件是原始的不经过压缩的。在"压缩"下拉列表的下方出现压缩的设置选项，可以根据需要设置有关原始压缩声音的属性。具体设置与 ADPCM 压缩设置相同，如图 2-8-17 所示。

图2-8-17　RAW压缩选项

具体设置与 ADPCM 压缩设置相同。

（5）语音：适合于语音的压缩方式导出声音。在"压缩"下拉列表的下方出现压缩的设置选项，可以根据需要设置有关语音压缩声音的属性，如图 2-8-18 所示。

图2-8-18　语音压缩选项

8.1.7　输出声音

输出影片时，对音频设置不同的采样率和压缩率，对影片输出动画中的声音质量和文件大小起着决定性作用，要得到更好的声音质量，必须对动画中的声音进行多次编辑，压缩率越大，采样率越低，文件的体积就会越小，但回放质量越差。要想取得最好的效果，必须要经过不断尝试才能获得最佳平衡。用户可以根据需要对其进行更改设置，如图 2-8-19 所示。

图2-8-19　设置压缩方式和采样率

如果没有定义声音的压缩设置，可以执行"文件"→"发布设置"命令，弹出"发布设置"对话框，在该对话框中按自己的需求进行设置，如图 2-8-20 所示。

图2-8-20 "发布设置"对话框

8.2 Flash中的视频

Flash CC 中不仅可以导入图像素材、声音文件,还可以导入视频。

8.2.1 视频类型

Flash CC 是一种功能强大的工具,可以将视频镜头融入基于 Web 的演示文稿,如果用户安装了 QuickTime4 或 DirectX7 及以上版本,可以导入多种文件格式的视频剪辑,为了大多数计算机用户考虑,使用 Flash Video 即 FLV 是最佳选择。

FLV 流媒体格式是一种新的视频格式。可导入 Flash 中的视频格式,必须是转换视频格式的 FLV。它具有技术和创意优势,允许用户将视频和数据、图形、声音和交互式控制融为一体。用户可轻松将视频以几乎任何人都可以查看的格式放到网页上。

8.2.2 导入视频

在 Flash CC 中,可以将所需的视频文件导入到当前文档中,可以进行缩放、旋转、扭曲和遮罩等处理,还可以通过编写脚本语言来控制视频的播放和停止。

通过选择"文件"→"导入"→"导入视频"命令,可打开"导入视频"对话框,提供了3个视频导入选项,如图2-8-21所示。

图2-8-21 "导入视频"对话框

各选项的含义如下。

使用播放组件加载外部视频:导入视频,并创建 FLV Playback 组件视频外观以控制视频。视频组件上的按钮控制视频的回放和声音的大小。

在 SWF 中嵌入 FLV 并在时间轴中播放:将 FLV 格式的视频文件嵌入到 Flash 文档中,导入的视频将直接置于时间轴中,可以看到时间轴所表示的各个视频帧的位置。视频嵌入到 Flash 文档中,SWF 文件中会显著增加发布文件的大小,这个选项适合于小的视频文件。

将 H.264 视频嵌入时间轴:导入 H.264(新一代视频压缩编码标准)的视频,仅是在设计阶段提供的一个功能。

8.2.3 处理导入的视频文件

将视频导入到 Flash 文档中,选择舞台上嵌入或链接视频剪辑的实例属性,在"属性"面板中可以为实例指定名称,设置其宽度、高度,以及舞台上的坐标位置,如图 2-8-22 所示。

图2-8-22 "属性"面板

用户还可以通过"组件参数"选项对导入的视频进行设置,如图2-8-23所示。

图2-8-23 "组件参数"选项

替换视频剪辑,如图2-8-24所示。完成效果如图2-8-25所示。

图2-8-24 "内容路径"对话框

图2-8-25 视频窗口

探究活动

实战演练:为按钮添加声音。

扫一扫
学操作

在 Flash 中制作动画,也可以将声音和一个按钮元件的不同状态关联起来。

(1)执行"文件"→"打开"命令,打开素材文件"第 8 章\8.1.4\play 素材 .fla",如图 2-8-26 所示。

图2-8-26 素材文件

(2)双击进入 PLAY 按钮元件的编辑状态,识别按钮各状态下 PLAY 的状态,如图 2-8-27 所示。

图2-8-27 按钮元件编辑状态

(3)添加"音频"图层,在"音频"图层"按下"帧插入关键帧,将"库"面板中的"click9.wav"拖至舞台,声音的波形出现在时间轴中。在"点击"帧插入帧,完成为按钮添加声音,如图 2-8-28 所示。返回主场景,按 Ctrl+Enter 组合键测试按钮效果,如图 2-8-29 所示。

图2-8-28 编辑按钮元件

图2-8-29　测试效果

实战演练：为影片剪辑添加声音。

（1）执行"文件"→"打开"命令，打开文档"第8章\8.1.4\影片剪辑素材.fla"。

（2）执行"窗口"→"库"命令，打开"库"面板，将名称为"太阳入云"的影片剪辑元件拖曳到舞台中，如图2-8-30所示。

扫一扫
学操作

图2-8-30　素材文件

（3）执行"文件"→"导入"→"导入到库"命令，将素材文件"第8章\sound\如诗般宁静.mp3"导入到库中，如图2-8-31所示。

扫一扫
学操作

图2-8-31　将素材导入库

（4）新建"图层2"，命名为音频图层，从"库"面板中将"如诗般宁静.mp3"文件直接拖曳到舞台中，"时间轴"面板如图2-8-32所示。

图2-8-32　"时间轴"面板

（5）完成该动画的制作，按Ctrl+Enter组合键测试影片剪辑动画效果。

实战演练：在Flash文档中导入视频。

（1）新建Flash文档，选择"文件"→"导入"→"导入视频"命令，如图2-8-33所示。

图2-8-33　选择"导入视频"命令

（2）弹出"导入视频"对话框，单击"浏览"按钮，弹出"打开"对话框，选择视频文件，单击"打开"按钮，如图2-8-34所示。保持默认设置，单击"下一步"按钮，如图2-8-35所示。

项目 2　丰富动画之旅

图2-8-34　"打开"对话框

图2-8-35　"选择视频"对话框

注意：浏览位置与发布影片有关联，若更改存储位置，请重新修改浏览位置。

（3）进入"设定外观"对话框，在此对话框中可以设置视频的外观和播放器的颜色，单击"下一步"按钮，如图2-8-36所示。

图2-8-36　"设定外观"对话框

（4）进入"完成视频导入"对话框，显示视频的位置及其他信息，单击"完成"按钮，如图2-8-37所示。

扫一扫
学操作

图2-8-37　"完成视频导入"对话框

（5）完成数据的获取，将视频导入当前文档中，在属性面板中设置视频的位置和大小，如图2-8-38所示。

图2-8-38　设置视频的位置和大小

（6）保存文件，按 Ctrl+Enter 组合键预览视频，如图2-8-39所示。

图2-8-39　预览视频

拓展延伸

视频演示：为动画添加声音和视频

自我评价

知识与技能点	知识理解程度	技能掌握程度	学习收效
声音的导入、添加			
视频的导入、处理			

任务9　组件的应用

🔍 任务描述

Flash 中的"组件"顾名思义就是组合元件。是用户在动画创作中可以重复使用复杂的元素，而不需要编写 Action Script。将组件与 ActionScript3.0 结合，Flash 软件中拥有已经制作好的很多组件，利用这些组件可以很快的制作出带有交互性质的动画，更快速地完成 Flash 应用程序的开发。本任务将举例介绍常用组件的应用，体会组件的应用的便捷。

🔍 学习要点

知识：
1. 组件的类型
2. 添加删除组件的方法。
3. 常用组件的应用。

技能：运用标准组件扩展应用，培养知识学习与运用的转化的技能。
素养：培养采纳提升，灵活运用，创新思维运用知识的能力。

🔍 知识学习

9.1 组件的基本操作

9.1.1 认识组件

Flash 中的组件是向 Flash 文档添加特定功能的可重复使用的打包模块。它们本质上是一个容器，组件可以包括图形及代码，因此它们是可以轻松包括在 Flash 项目中的预置功能。

组件是包含有参数的影片剪辑，这些参数可以修改组件的外观和行为。组件不仅可以是简单的用户界面控件，还可以包含相关内容。使用组件可以将应用程序的设计过程和编码分开。通过使用组件，开发人员可以创建设计人员在应用程序中能用到的功能，可以将常用功能封装到组件中，而设计人员只需通过更改组件的参数来自定义组件的大小、位置和行为。

Flash CC 中的组件包含以下两种类型，如图 2-9-1 所示。

图2-9-1　Flash CC中的组件

1. 用户界面（UI）组件

用户界面组件类似于网页中的表单元素，使用 Flash 的用户界面组件，轻松开发 Flash 的应用程序界面，如按钮、下拉菜单、文本字段等，如图 2-9-2 所示。

图 2-9-2　用户界面组件

2. 视频组件

使用视频组件可以轻松地将视频播放器包括在 Flash 应用程序中，以便通过 HTTP 从 Flash Video Streaming Service 或从 Flash Media Server 播放渐进式视频流，如图 2-9-3 所示。

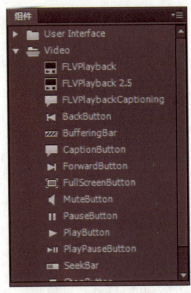

图 2-9-3　视频组件

9.1.2　添加和删除组件

1. 添加组件

首次将组件添加到文档时，Flash 会将其作为影片剪辑导入到"库"面板中，还可以将组件从"组件"面板直接拖到"库"面板中，然后将其实例添加到舞台上。在任何情况下，用户都必须将组件添加到"库"中，才能访问其类元素。

（1）新建 Flash 文件，选择"窗口"菜单中的"组件"命令，即可打开"组件"面板。在"组件"面板中选择组件类型，将其拖至"库"面板中或拖至舞台，如图 2-9-4 所示。

图 2-9-4　"组件"和"库"面板

（2）也可以在"组件"面板中单击需要的组件图标，并将其拖放到舞台上，或双击组件也可将组件添加到舞台上。选中舞台上的组件在属性面板上为实例命名，设定实例的参数，根据需要配置组件。

2. 删除组件

（1）在"库"面板中选择要删除的组件并右击，在弹出的快捷菜单中选择"删除"命令，或者按 Delete 键直接删除，如图 2-9-5 所示。

件"属性"面板,如图2-9-7所示。在"属性"面板"样式"下拉列表框中可以改变亮度、色调、透明度,或者选择"高级"选项综合运用这些元素,如图2-9-8所示。在组件参数区域,用户可以修改组件参数。

图2-9-5 通过快捷菜单删除组件

(2)选择要删除的组件,单击库面板底部的"删除"按钮,或者将组件拖至删除按钮,完成删除,如图2-9-6所示。

图2-9-7 组件"属性"面板

图2-9-8 "样式"下拉列表框

图2-9-6 通过"删除"按钮删除组件

9.1.3 配置组件

1. 设置组件外观

(1)选中舞台上的组件实例,打开组

(2)在舞台上,如果组件实例偏大或偏小,可以通过使用"属性"面板调整组件的宽度和高度更改大小。但组件的内容的布局依然保持不变,这将导致在影片回放时发生扭曲,因此需要使用绘图工具栏中的任意变形工具或从任意组件实例中调用setsize()方法,来设置组件的宽度和高度,如图2-9-9所示。

① 原按钮组件　② 修改样式　③ 修改外观尺寸

图2-9-9　修改组件外观

2. 预览组件

对组件的属性和参数修改后，可以在动画预览中看到组件的改变。执行"控制"→"测试影片"命令，能对组件进行测试和操作，如图2-9-10所示。

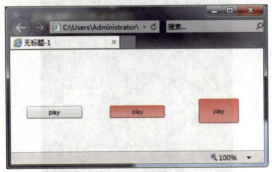

图2-9-10　预览组件

9.2　CheckBox组件

CheckBox复选框是一个可以选中或取消选中的方框，常用于网页中的多选项。

打开"组件"面板，选择CheckBox组件将其拖至舞台。在CheckBox组件实例所对应的属性面板中调整组件参数。各参数的含义如下。

enabled：设置组件是否可用。

label：设置复选框旁边的显示内容。默认值是Label。

label Placement：设置复选框上标签文字的方向，其中包括left、right、top、bottom 4个选项，默认值是right。

selected：设置复选框的初始状态为选中或取消选中，被选中的复选框中会显示一个钩。

visible：设置决定对象是否可见。

9.3　ComboBox组件

ComboBox下拉列表框组件与对话框中的下拉列表框类似，由3个子组件构成，分别是Base Button、Text Input、List组件。

打开"组件"面板，选择"ComboBox"组件将其拖至舞台。在ComboBox组件实例所对应的属性面板中调整组件参数。各参数的含义如下。

date Provider：设置将一个数据值与ComboBox组件中的每个项目相关联。

editable：设置用户是否可以在下拉列表中输入文本，默认值为false。

enabled：是一个布尔值，指示组件是否可以接收焦点和输入，默认值为true。

prompt：提示用户是否显示提示对话框。

restrict：指示用户可以在组合框的文字字段中输入字符集，默认值为undefined。

rowCount：设置在不使用滚动条时最多可以显示的项目数，默认值为5。

visible：是一个布尔值，它指示对象是可见的（true）还是不可见的（false），默认值为true。

9.4　TextArea组件

TextArea组件是一个文本域组件，它是一个多行文字字段，具有边框和选择性的滚动条。TextArea类的属性允许在运行时设置文本内容、格式及水平和垂直位置。

在需要多行文本字段的任何地方都可以使用TextArea组件。

打开"组件"面板，选择"TextArea"组件将其拖至舞台。在TextArea组件实例所对应的属性面板中调整组件参数，各参数的含义如下。

condenseWhite：一个布尔值，指定是否应删除HTML文本字段中的额外空白（空格、换行符等），默认值是false。

editable：指示TextArea组件是（true）

否（false）可编辑，默认值为 true。

enabled：一个布尔值，它指示组件是否可以接收焦点和输入，默认值为 true。

horizontalScrollPolicy：指示水平滚动条是否打开。该值为 on 显示，该值为 off 则不显示或者 auto，自动默认为 auto。

htmlText：指示文本是（true）否（false）采用 HTML 格式。如果 HTML 设置为 true，则可以使用字体标签来设置文本格式，默认值为 false。

maxChars：文本区域最多可以容纳的字符数，默认值为 null（表示无限制）。

restrict：指示用户可输入文本区域中的字符集，默认值为 undefined（表示未定义）。

text：指示 TextArea 组件的文本内容，默认值为 ""（空字符串）。

verticalScrollPolicy：指示垂直滚动条是否打开。该值为 on 显示，该值为 off 则不显示或者 auto，自动默认为 auto。

visible：一个布尔值，它指示对象是可见的（true）还是不可见的（false），默认值为 true。

wordWrap：指示文本是（true）否（false）自动换行，默认值为 true。

9.5 UIScrollBar 组件

UIScrollBar 组件可以在创作时将滚动条添加到文本字段中。

打开"组件"面板，选择"UIScrollBar"组件将其拖至舞台、在 UIScrollBar 组件实例所对应的属性面板中调整组件参数。各参数的含义如下。

direction：设置组件的方向是横向和纵向，默认是纵向。

scrollTargetName：设置 UIScrollBar 组件所附加到的文本字段实例的名称。

visible：一个布尔值，它指示对象是可见的（true）还是不可见的（false），默认值为 true。

探究活动

实战演练：创建复选框。

（1）新建文档，图层 1 命名为"背景"，将背景图片拖至舞台。使用文本工具输入文字：你所喜欢的电影类型，如图 2-9-11 所示。

扫一扫学操作

图2-9-11 创建背景

（2）选择窗口下的组件命令，弹出"组件"面板，在"组件"面板中选择"CheckBox"组件类型，将其拖至"库"面板中，如图 2-9-12 所示。

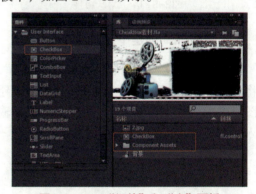

图2-9-12 "组件"和"库"面板

（3）在背景图层上新建复选框图层，将库中的组件拖至舞台，调整组件样式，色调为粉色，并将元件复制多个。在组件的属性面板调整组件的属性值。输入文字标签。用同样的方法设置其他组件的属性值，如图 2-9-13 所示。

图2-9-13 设置组件的属性值

（4）执行"控制"→"测试影片"命令，对组件进行测试和操作，效果如图2-9-14所示。

图2-9-14 测试组件

扫一扫
学操作

实战演练：创建下拉列表框。

（1）新建文档，图层1命名为"背景"，将背景图片拖至舞台。在背景图层上新建图层并命名为"文本框"。使用文本工具输入如图2-9-15所示的文字内容。

（2）选择窗口下的组件命令，弹出"组件"面板，在"组件"面板中选择"ComboBox"组件类型，将其拖至"库"面板中，如图2-9-16所示。

（3）在"文本框"图层上方新建图层并命名为"下拉列表框"，将"库"中的组件拖至舞台。在组件的属性面板中调整组件的属性值，单击 ✎ 按钮，在弹出的对话框中单击 ✚ 按钮添加选项，并输入文字，并将元件复制多个，用同样的方法设置其他组件的属性值，如图2-9-17所示。

图2-9-16 将"ComboBox"组件拖至"库"面板

图2-9-17 设置组件的属性值

（4）执行"控制"→"测试影片"命令，对组件进行测试和操作，效果如图2-9-18所示。

图2-9-18 测试组件

■ **实战演练：创建文本域。**

（1）新建文档，图层1命名为"背景"，将背景图片拖至舞台，如图2-9-19所示。

图2-9-19 制作背景

（2）选择"窗口"下的"组件"命令，弹出"组件"面板，在"组件"面板中选择"TextArea"组件类型，将其拖至"库"面板中，如图2-9-20所示。

图2-9-20 将"TextArea"组件拖至"库"面板

（3）在背景图层的上方新建文本域图层，将库中的组件拖至舞台。在TextArea组件的属性面板中调整组件的属性值，调整色调为红色透明。如图2-9-21所示。

图2-9-21 设置组件的属性值

（4）执行"控制"→"测试影片"命令，对组件进行测试和操作，效果如图2-9-22所示。

扫一扫学操作

图2-9-22 测试组件

■ **实战演练：创建滚动条。**

（1）新建文档，图层1命名为"背景"，将背景图片拖至舞台，如图2-9-23所示。

扫一扫学操作

图2-9-23 制作背景

（2）在背景图层上方新建图层并命名为"text"，选择文本工具，在舞台上绘制一个矩形文本框，在"属性"面板上设置如下：实例名称为"mytext"，输入文本，在文本周围显示边框，多行，如图2-9-24所示。

图2-9-24 "属性"面板

图2-9-26 调整组件的高度

（3）在"text"图层上方新建图层，并命名为"UIScrollBar"。选择窗口下的组件命令，弹出"组件"面板，在"组件"面板中选择"UIScrollBar"组件类型，将其拖至"库"面板中后拖至舞台或直接拖至舞台，如图2-9-25所示。

图2-9-25 将"UIScrollBar"组件拖到"库"面板

（4）把UIScrollBar组件拖入舞台贴紧文本框的右边缘，注意一定要贴紧文本框的右边缘，否则UIScrollBar组件不会正常工作。然后用任意变形工具调整UIScrollBar组件的高度，使其高度与文本框的高度保持一致，如图2-9-26所示。

（5）打开属性面板，然后选择舞台上的UIScrollBar组件，在属性面板中进行参数设置，设置UIScrollBar组件所附加到的文本字段实例的名称为"mytext"，如图2-9-27所示。

图2-9-27 设置参数

（6）在UIScrollBar图层上方新建图层并命名为"AS"，单击第1帧，按F9键打开"动作"面板。打开素材AS内容.txt，将其复制粘贴到脚本窗口中，如图2-9-28所示。

图2-9-28 "动作"面板

（7）执行"控制"→"测试影片"命令，对组件进行测试和操作，效果如图2-9-29所示。

项目2　丰富动画之旅

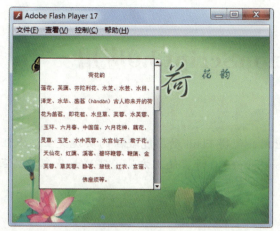

图2-9-29　测试组件

🔍 拓展延伸

视频演示：创建常用组件

🔍 自我评价

知识与技能点	知识理解程度	技能掌握程度	学习收效
创建复选框			
创建下拉列表框			
创建文本域			
创建滚动条			

123

任务10　ActionScript3.0应用

🔍 任务描述

　　Action Script 的应用，使得 Flash 动画能轻松的实现交互。本任务主要从基础的角度出发，介绍简单的 Action Script 3.0 语言使用方法，实现最基本的交互设置。

🔍 学习要点

知识：
1. ActionScript3.0 的功能。
2. 动作面板的使用。
3. 使用代码片断面板。
4. 为对象添加动作。

技能： 运用脚本实现交互，培养知识学习与运用的转化灵活应用的技能。

素养： 培养攻坚克难的专业精神，技艺精湛的职业精神。

🔍 知识学习

10.1　初识ActionScript

　　ActionScript 简称为 AS，是一种强大的面向对象编程语言，是 Flash 提供的一种脚本撰写语言。ActionScript 通过调用或编写脚本语句即可实现一些特殊的功能。

　　交互动画是指在动画作品播放时支持事件响应和交互功能的一种动画，即动画播放时可以接受某种控制，如播放、暂停、停止、退出、选择、音乐控制等。

　　ActionScript 3.0 基于 Web 的应用程序提供了更多的可能性。它进一步增强了语言，提供了出色的性能，简化了开发的过程，因此更适合复杂的 Web 应用程序和大数据集。Flash 中的动作脚本是实现互动的重要组成部分，也是 Flash 优越于其他动画制作软件的主要因素。

10.2　"动作"面板的使用

　　在 Flash CC 中可以通过"新建"命令直接创建 ActionScript 文件。通过调用可以与 Flash 动画结合。在 Flash 中，只有影片剪辑、按钮和帧可以响应动作，以实现具有交互性的特殊效果。Flash 提供了一个专门处理动作脚本的编辑环境的"动作"面板。熟悉"动作"面板是十分必要的。

　　一般情况下，Flash 中通过在"动作"面板中输入脚本来完成程序的编写。使用"动作"面板，初学者和熟练的程序员都可以迅速而有效地编写出功能强大的程序。Flash CC 的"动作"面板提供代码提示、代码格式自动识别及搜索替换功能。

10.2.1 认识"动作"面板

执行"文件"→"新建"命令，新建一个 ActionScript 文档。执行"窗口"→"动作"命令，或按 F9 键打开"动作"面板，可以看到"动作"面板的编辑环境由左右两部分组成，如图 2-10-1 所示。

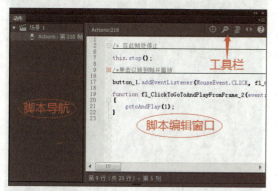

图 2-10-1 "动作"面板

10.2.2 使用"动作"面板

（1）在"脚本"编辑窗口的上面有一排工具图标，称为工具栏，工具栏中有创建代码时常用的一些工具，如图 2-10-2 所示。在编辑脚本的时候，这些工具会被激活，用户可以方便适时地使用它们的功能。

图 2-10-2 工具栏

工具栏中各按钮的作用如下。

"插入目标路径"按钮⊕：单击该按钮，打开"插入目标路径"对话框，用于设置脚本中的某个动作为绝对或相对路径，如图 2-10-3 所示。

图 2-10-3 "插入目标路径"对话框

"查找"按钮：单击该按钮，打开"查找和替换"列表，可以查找或替换脚本中的文本或字符串，如图 2-10-4 所示。

图 2-10-4 "查找和替换"列表

"设置代码格式"按钮：单击该按钮，弹出详细代码格式，如图 2-10-5 所示。

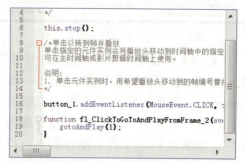

图 2-10-5 代码格式

"代码片断"按钮<>：单击该按钮，弹出"代码片断"面板，代码库可以让用户方便地通过导入和导出功能，管理代码，是常用代码集合，如图 2-10-6 所示。

图 2-10-6 "代码片断"面板

"帮助"按钮：单击该按钮，能够打开 Flash 的官方网站，网站上有一些 Flash 的问题解决办法和 AS 语言的运用，如图 2-10-7 所示。

图2-10-7　Flash官方网站页面

（2）脚本编辑窗口：该窗口是添加代码的区域。可直接在脚本窗口中编辑ActionScript脚本，输入动作参数或删除动作。也可以创建导入应用程序的外部脚本文件。如果在 FLA 文件中添加脚本，打开"动作"面板，在脚本编辑窗口中直接输入代码即可，如图2-10-8所示。

图2-10-8　脚本编辑窗口

（3）脚本导航器：脚本导航器，位于动作面板的左侧，其中列出当前选中对象的具体信息。单击脚本导航器中的某一项目，脚本编辑窗口会呈现与该项目相关的脚本内容，并且场景上的播放头也将移动到时间轴上对应的位置。

10.2.3 设置"动作"面板中的参数

在 Flash CC 中，用户可以根据自己的习惯设置"动作"面板中的参数，来改变脚本窗格的脚本编辑风格。通过定制可以对编辑器诸多参数进行设置。其中执行"编辑"→"首选参数"命令，弹出"首选参

数"对话框，选择"代码编辑器"选项即可实现对编辑器环境的设置，如图2-10-9所示。

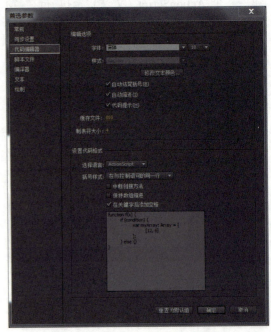

图2-10-9　"首选参数"对话框

"首选参数"对话框中各选项的含义如下。

字体：设置脚本的字体。

样式：设置字体的样式类型。

修改文本颜色：设置脚本中当前代码的颜色。

自动结尾括号：当在开始输入括号后，按 Enter 键后自动添加结尾括号。

自动缩进：如果开启了自动缩进，在左小括号"("或左大括号"{"之后输入的文本将按照"制表符大小"设置自动缩进。

代码提示：是否启用代码提示，可以设置出现代码提示的延迟时间。

缓存文件：设置缓存的文件数，输入数值为 1~2 000。

制表符大小：指定新行中将缩进的字符数。

选择语言：选择使用 JavaScript 还是 ActionScript 语言，默认为 ActionScript。

括号样式:设置括号与控制语句的样式。

重置为默认值：单击该按钮，将所有选择恢复为 Flash 最初的设置。

10.3 使用"代码片断"面板

Flash CC 的"代码片断"面板是 Flash 提供的一种非常方便的工具，主旨在于可以帮助用户在不精通编程的前提下，能快速轻松地使用简单的 ActionScript，借助该面板，用户可以将 ActionScript 代码添加到 FLA 文件以使用常用功能。使用 ActionScript 制作出动画的交互及特效效果。

"代码片断"面板也是 ActionScript 3.0 入门的一种好途径。每个代码片断都有描述片断功能的工具提示，通过学习代码片断中的代码并依据片断说明，学习者可以轻松地了解代码结构和词汇。当应用代码片断时，如果用户尚未创建 Actions 图层，Flash 将在时间轴上的所有图层之上添加一个 Actions 图层。此代码将添加到时间轴中 Actions 图层的当前帧。

10.3.1 "代码片断"面板的功能

在 Flash CC 中，利用"代码片断"面板，用户可完成以下功能：可以添加能影响对象在舞台上行为的代码；可以添加能在时间轴中控制播放头移动的代码；可以添加允许触摸屏交互的代码；可以将用户创建的新代码片断添加到面板。

10.3.2 添加代码片断

（1）新建一个 ActionScritp 3.0 文档，执行"窗口"→"代码片断"命令，即可打开"代码片断"面板，如图 2-10-10 所示。

图 2-10-10 "代码片断"面板

（2）根据要添加的脚本类型，选择相应的文件夹，如图 2-10-11 所示。

（3）双击所选选项，弹出添加的详细代码内容的"动作"面板，如图 2-10-12 所示。

图 2-10-11 选择相应的文件夹

图 2-10-12 "动作"面板

（4）为了方便 ActionScript 控制舞台上的对象，首先要将对象在"属性"面板中设定实例名称，如图 2-10-13 所示。

图2-10-13 设定实例名称

图2-10-15 "时间轴"面板

（5）Flash 将在时间轴上的所有图层之上添加一个 Actions 图层，如图 2-10-14 所示。

图2-10-16 "动作"面板

10.4.2 为按钮添加动作

在 Flash CC 影片中，如果鼠标在单击或者滑过按钮时，让影片执行某个动作可以为按钮添加动作。首先创建一个按钮实例，并为其指定实例名称，并添加触发该动作的鼠标和键盘事件，如图 2-10-17 所示。

图2-10-14 "时间轴"面板

10.4 为对象添加动作

综合上一节的内容，在 Flash CC 中，使用"动作"面板可以为帧、按钮、影片剪辑添加动作。在时间轴上书写代码时，Flash 将自动新建一个名为"Actions"的图层。

10.4.1 为帧添加动作

在 Flash CC 影片中，要使影片在播放到时间轴中的某一帧时执行某项动作，就需要为关键帧添加一项动作。

使用"动作"面板添加帧动作的方法如下。

（1）在时间轴中选择需要添加动作的关键帧。

（2）在"动作"面板的脚本编辑窗格中根据需要编辑输入动作语句。

（3）此时在时间轴中添加了动作关键帧，此关键帧就会有一个"a"标记，如图 2-10-15 和图 2-10-16 所示。

图2-10-17 为按钮添加动作的代码

10.4.3 为影片剪辑添加动作

在 Flash CC 影片中，通过为影片剪辑添加动作可在影片剪辑加载或者接收到数据时让影片执行动作。首先创建一个影片剪辑实例，并为其指定实例名称，并添加脚本语句内容，如图 2-10-18 所示。

图2-10-18 为影响剪辑添加动作的代码

10.5　脚本的编写与调试

1. 脚本编写

添加脚本可分为两种：一是把脚本编写在时间轴上面的关键帧上（必须是关键帧上才可以添加脚本）；二是把脚本编写在对象［如 MC（影片剪辑）、按钮］元件的实例本身上。编写脚本请参阅 ActionScript 专业书籍。

2. 调试脚本

如果从 FLA 文件开始调试，则选择"调试"→"调试影片"→"调试"命令，打开调试所用面板的调试工作区。调试会话期间，Flash 遇到断点或运行时错误时将中断执行 ActionScript。

🔍 探究活动

实战演练：

使用"动作"面板中的脚本编辑窗口直接添加脚本。

（1）执行"文件"→"打开"命令，将"第 10 章 \10.2.2\stop 素材 .fla"文件打开。

（2）单击"云朵"图层最后一帧，执行"窗口"→"动作"命令，或按 F9 键，打开"动作"面板，在脚本编辑窗口输入代码，如图 2-10-19 所示。

图2-10-19　输入代码

（3）"时间轴"面板中的效果如图 2-10-20 所示。

图2-10-20　"时间轴"面板

（4）完成动画的制作，按 Ctrl+Enter 组合键测试动画，动画播放完后将自动停止，如图 2-10-21 所示。

扫一扫
学操作

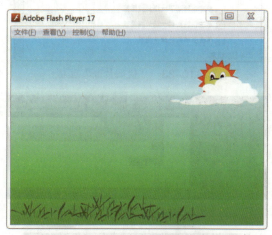

图2-10-21　测试动画

实战演练：使用"代码片断"制作动画，控制动画的播放。

（1）执行"文件"→"打开"命令，将"第 10 章 \10.2.4\ play 素材 .fla"文件打开，如图 2-10-22 所示。

扫一扫
学操作

图2-10-22　素材文件

（2）执行"窗口"→"代码片断"命令，在弹出的"代码片断"面板中双击"时间轴导航"下的"在此帧处停止"，如图 2-10-23 所示。"动作"面板如图 2-10-24 所示。时间轴的所有图层之上添加一个 Actions 图层，第 1 帧出现"a"标记，如图 2-10-25 所示。

图2-10-23 "代码片断"面板

图2-10-24 "动作"面板

图2-10-25 出现"a"标记

(3)选中 Actions 图层第 1 帧,将"库"面板中的"play"按钮元件拖至舞台,选择此按钮元件,打开"属性"面板,修改实例名称为"star",如图 2-10-26 所示。

图2-10-26 修改实例名称

(4)选中按钮元件,执行"窗口"→"代码片断"命令,在弹出的"代码片断"面板中双击"时间轴导航"下的"单击以转到帧并播放",如图 2-10-27 所示。

图2-10-27 "代码片断"面板

(5)弹出"动作"面板,修改"gotoAndPlay(5)"为"gotoAndPlay(2)",实现单击即跳转到第 2 帧播放动画效果,如图 2-10-28 所示。

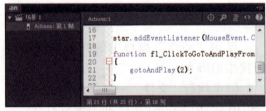

图2-10-28 修改代码

(6)动画设置完成后按 Ctrl+Enter 组合键测试动画效果,如图 2-10-29 所示。

图2-10-29 测试动画

实战演练:

使用"代码片断"制作动画,控制动画的重播。

(1)执行"文件"→"打开"命令,

将"第 10 章\10.2.4\replay 素材.fla"文件打开,如图 2-10-30 所示。

图2-10-30 素材文件

(2)单击时间轴上任一图层的最后一帧,执行"窗口"→"代码片断"命令,在弹出的"代码片断"面板中双击"时间轴导航"下的"在此帧处停止","动作"面板如图 2-10-31 所示。时间轴上的所有图层之上添加一个 Actions 图层,最后一帧出现"a"标记,如图 2-10-32 所示。

图2-10-31 "动作"面板

图2-10-32 出现"a"标记

(3)选中 Actions 图层最后一帧,将"库"面板中的"replay"按钮元件拖至舞台,选择此按钮元件,打开"属性"面板,修改实例名称为"again",如图 2-10-33 所示。

图2-10-33 "属性"面板

(4)选中按钮元件,执行"窗口"→"代码片断"命令,在弹出的"代码片断"面板中双击"时间轴导航"下的"单击以转到帧并播放"。

扫一扫
学操作

(5)弹出"动作"面板,修改"gotoAndPlay(5)"为"gotoAndPlay(1)",实现单击即跳转到第 2 帧播放动画效果,如图 2-10-34 所示。

图2-10-34 修改代码

(6)动画设置完成后按 Ctrl+Enter 组合键测试动画效果,如图 2-10-35 所示。

图2-10-35 测试效果

实战演练:

使用"代码片断"为动画添加超链接。

(1)执行"文件"→"打开"命令,将"第 10 章\10.3\超链接素材.fla"文件打开,如图 2-10-36 所示。

图2-10-36 素材文件

（2）单击背景图层第1帧，打开"属性"面板，修改"实例名称"为"movieClip"，如图2-10-37所示。

图2-10-37 修改实例名称

（3）执行"窗口"→"代码片断"命令，在弹出的"代码片断"面板中双击"动作"下的"单击以转到Web页"，弹出"动作"面板，如图2-10-38所示。

（4）根据需要将脚本编辑窗口中的网址修改为单击需要链接的网址，注意语句中的""要保留，如图2-10-39和图2-10-40所示。

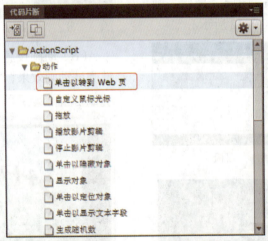

图2-10-38 "代码片断"面板

图2-10-39 修改前的代码

项目 2　丰富动画之旅

图2-10-40　修改后的代码

（5）至此完成该动画的制作，按 Ctrl+Enter 组合键测试动画效果，如图 2-10-41 和图 2-10-42 所示。

图2-10-41　修改前的链接页面

图2-10-42　修改后的链接页面

拓展延伸

视频演示：创建常用组件

自我评价

知识与技能点	知识理解程度	技能掌握程度	学习收效
动作面板的使用			
代码片断面板			
对象添加动作			

任务11　动画的测试与发布

🔍 任务描述

Flash CC 是一款集动画创作与应用程序开发于一身的创作软件，动画制作完成后，需要将动画导出。最新版本的 Flash CC 功能非常强大，需要可以发布多种不同格式的文件。便于在不同环境下使用，应用广泛。

🔍 学习要点

知识：
1. 影片的测试。
2. 影片的优化。
3. 影片的发布。

技能：优化作品测试与发布，培养严谨认真的学习态度。
素养：培养灵活应用能力，大国智造，精益求精的工匠精神。

🔍 知识学习

11.1　动画的测试

发布和导出之前必须进行测试。测试动画是否正常播放，是否达到预期的效果，是否在网络环境中正常下载和观看。测试动画可以及时发现制作过程中的不足，通过改正使 Flash 动画效果更好。为了让动画能在网络上传播，还需要对动画进行优化，获得较小的文件大小，以方便上传和下载。

11.1.1　测试影片

动画制作完成后，要评估影片、动作脚本或其他重要的动画元素，对动画进行整体测试，如图 2-11-1 所示。必须在测试环境下进行，即执行"控制"→"测试影片"命令或按 Ctrl+Enter 组合键进行测试。动画就会自动生成一个 SWF 文件，在 Flash Player 中播放，这样通过直观地观看影片的效果，可以检测动画是否达到了设计的要求。这种方式的优点是可以完整地测试影片，缺点是不可单独选择某一段进行测试。

图2-11-1 测试动画

11.1.2 测试场景

Flash 也可以对一些元件、声音、帧等进行即时的测试,以便清楚地观察单个元件的效果。双击需要测试的元件,进入该元件的编辑模式,如图 2-11-2 所示。执行"控制"→"测试场景"命令,或按 Ctrl+Alt+Enter 组合键,就可以对指定的元件效果进行测试。优点是方便快捷,可以单独测试一段影片,缺点是有不可测试的内容,如影片剪辑、动作、动画速度等不可测试。

图2-11-2 元件的编辑模式

11.2 优化影片

Flash 动画展示到互联网上时，质量较高会增加文档的大小，而文档越大，下载的时间就会越长，动画的播放速度也会越慢，为了使其他用户在下载或播放时更加流畅，因而对 Flash 影片进行优化就显得尤其重要。在不损害影片的播放质量的前提下列举优化影片的一些方法。

（1）元件的优化：对于在影片中多次出现的对象，将其制作为元件，影片文件只需要存储一次元件的图形数据，可减少下载的元素。动画序列多用影片剪辑少用图形元件。

（2）动画的优化：在制作动画时尽量避免使用逐帧动画而多用补间动画，补间中关键帧数量尽量少。

（3）图形的优化：尽量构建或采用简单的矢量图形，减少矢量图形的形状复杂程度，如减少矢量色块图形边数或矢量曲线的折线数量，以减少 CPU 运算。少用位图图像，避免位图图像元素的动画，导入的位图图像文件尽可能小，并以 JPEG 方式压缩，一般只作为背景或静态元素。对于图形尽量不要打散，最好群组，缩小文件大小。

（4）音频的优化：尽量使用 MP3 格式的文件，既保证质量又减小文件尺寸。

（5）图层的优化：尽量缩小动作区域，关键帧的区域尽可能小，并避免同一帧设置太多动作，建议分层。动作的对象与静态对象分层设置，有动作的对象安排在独立的图层内，以加速动画的处理过程。尽量使用组合元素，使用层来组织不同时间和不同元素的对象。

（6）线条的优化：考虑占用的资源比较少，多采用实线，少用虚线。铅笔工具绘制的线条优于刷子工具绘制的线条。限制特殊类型线条（短画线、波浪线等）的数量。

（7）优化命令：执行"修改"→"形状"→"优化"命令，可以最大限度地减少用于描述图形轮廓的单个线条的数目。

（8）文字的优化：尽可能使用 Flash 内定的字体，限制字体和字体样式的数量，既保证了文字风格的统一又减小文件大小。尽量不要将字体打散，字体打散后就变成图形，文件会增大。

（9）嵌入字体优化：选择所需字符，而不要选择整个字体。

（10）填色的优化：尽量减少使用渐变色和 Alpha 透明度，多用单色。

（11）实例优化：创建实例的各种颜色效果时，应多使用实例的"颜色样式"功能。

（12）尺寸的优化：动画的长宽尺寸越小越好，尺寸越小，动画文件就越小，可以通过菜单中的命令修改影片的长宽尺寸。

11.3 发布影片

Flash 中发布影片的功能相对较为丰富，执行"文件"菜单中的 3 个关于发布的命令，即"发布设置"命令、"发布预览"命令和"发布"命令。根据具体情况，通过发布命令，可以将制作好的动画发布为不同的格式并预览发布效果，以应用在不同的其他文档中，以满足各种需要。

11.3.1 发布设置

执行"文件"→"发布设置"命令，弹出"发布设置"对话框，如图 2-11-3 所示。用户可以在发布动画前设置想要发布的格式。

配置文件：显示当前要使用的配置文件是默认配置。单击后面的下拉按钮出现配置文件选项。使用配置文件可以让用户的操作更为方便。

目标：用于设置当前文件的目标播放器，单击下拉按钮可选择相应的目标播放器。

脚本：用于显示当前文件所使用的脚本。

发布：用于选择文件发布的格式，默认情况下，"发布"命令会创建一个 Flash SWF 文件和一个 HTML 文档。右侧的选项会随着选择发布格式的不同而变动，按需要对相应的发布格式进行设置。

图2-11-3 "发布设置"对话框

探究活动

实战演练：发布为 Flash 文件

执行"文件"→"发布设置"命令，或按 Ctrl+Shift+F12 组合键，弹出"发布设置"对话框，选择"Flash"选项卡，Flash 发布格式的相关选项如图 2-11-4 所示。

扫一扫
学操作

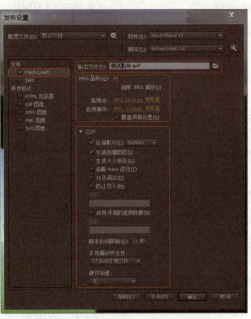

图2-11-4 Flash发布格式的选项

设置完成后单击"确定"按钮，按Ctrl+Enter组合键测试动画效果，如图2-11-5所示为发布后的Flash图像效果。

图2-11-5　发布后的Flash图像效果

"Flash"发布格式的相关选项说明如下。

（1）输出文件：用于设置文件保存的路径。

（2）图像和声音：用于对发布文件的图像和音频进行相应设置。

①JPEG品质：控制位图压缩，调整移动滑块或在文本框中输入相应的数值，图像的品质低，文件小，反之文件大。值为100时图像品质最佳，压缩比最小。

②启用JPEG解块：若要使高度压缩的JPEG图像显得更加平滑，则应选中"启用JPEG解块"复选框，即可减少由于JPEG压缩导致的典型失真。

③音频流/音频事件：单击相应的"设置"按钮，在弹出的对话框中可以为SWF文件中的所有声音流或事件声音设置采样率和压缩。

④覆盖声音设置：若要覆盖在属性检查器的"声音"部分中为个别声音指定的设置，选中"覆盖声音设置"复选框。

（3）高级：设置Flash的高级属性。

①压缩影片（默认）：压缩SWF文件以减小文件大小和缩短下载时间。有两种压缩算法模式：Deflate（旧压缩模式）和LZMA（效率高于Deflate 40%）。LZMA压缩适合于包含很多ActionScript或矢量图形的FLA文件。

②包括隐藏图层（默认）：将导出Flash文档中所有隐藏的图层，可以通过取消选中此复选框将阻止导出隐藏的所有图层，来轻松测试不同效果的Flash文档。

③生成大小报告：生成一个报告，按文件列出最终SWF内容中的数据量。

④省略trace语句：使用Flash忽略当前SWF文件中的ActionScript trace语句。trace语句的信息不会显示在输出面板中。

⑤允许调试：激活调试器并可以远程调试Flash SWF文件。

⑥防止导入：保护知识产权的有效方法，可添加密码来保护Flash SWF文件。

⑦密码：在文本框中输入密码。使用ActionScript 3.0，并且选中"允许调试"和"防止导入"复选框时可用。

⑧启用详细的遥测数据：选中此复选框可以让Adobe Scout记录SWF文件的遥测数据。

⑨脚本时间限制：若要设置脚本在SWF文件中执行时可占用的最大时间量，在此文本框中输入一个数值，Flash Player将取消执行超出此限制的任何脚本。

⑩本地播放安全性：可以选择要使用的Flash安全模型，指定是授予已发布的SWF文件本地安全性访问权还是网络安全访问权。

⑪硬件加速：可以设置SWF文件使用硬件加速。

第1级-直接：允许Flash Player在屏幕上直接绘制，而不是让浏览器进行绘制，从而改善播放性能。

第2级-GPU：Flash Player利用图形卡的可用计算能力，执行视频播放并对图层化图形进行复合，根据用户的图形硬件的不同，将提供更高一级的性能优势。

实战演练：发布为 SWC 文件

SWC 文件用于分发组件，SWC 文件包含一个编译剪辑、组件 ActionScript 类文件及描述组件的其他文件。Flash Professional CC 及以上版本不支持 SWC 放映文件，只适用 Flash Professional CC 以下的版本，如图 2-11-6 所示。

图 2-11-6　"SWC"发布设置

实战演练：发布为 HTML 文件

在 Web 浏览器中播放 Flash Pro 内容需要一个能激活 SWF 文件并指定浏览器设置的 HTML 文档，"发布"命令会根据 HTML 模板文档中的参数自动生成此文档。在"发布设置"对话框中选择"HTML 包装器"选项卡，HTML 发布格式的相关选项如图 2-11-7 所示。

图 2-11-7　"HTML 包装器"相关选项

如图 2-11-8 所示为发布后的 HTML 图像效果。

图 2-11-8　发布后的 HTML 图像效果

"HTML 包装器"发布格式的相关选项说明如下。

（1）输出文件：用于设置文件保存的路径。

模板：可以显示 HTML 设置并选择要使用的已安装模板，默认选项是"仅 Flash"。

信息：单击"信息"按钮，可以显示所选模板的说明，如图 2-11-9 所示。

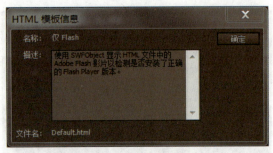

图2-11-9 HTML模板信息

检测 Flash 版本："模板"选项设置为前3个时，"检测 Flash 版本"命令才可用。

（2）大小：下拉列表中有3个选项，默认值为"匹配影片"，使用SWF文件的尺寸。"像素"为单位时，直接在下方"宽"和"高"文本框内输入数值。百分比为单位时，直接在下方"宽"和"高"文本框内输入百分比值。

（3）播放：可以设置SWF文件的缩放和功能。

开始时暂停：默认不选中此复选框。开始时暂停播放SWF文件，直到用户单击按钮或从快捷菜单中选择"播放"后才开始播放。

循环：默认选项，循环内容到达最后一帧后再重复播放。

显示菜单：默认选项。用户右击SWF文件时，会显示一个快捷菜单。

设备字体：会用消除锯齿（边缘平滑）的系统字体替换用户系统上未安装的字体。

（4）品质：用于设置所发布文件的品质，单击后面的下拉按钮，弹出下拉列表，其中有6个选项。

低：使回放速度优先于外观，并且不使用消除锯齿功能。

自动降低：优先考虑速度，但是也会尽可能改善外观。

自动升高：在开始时回放速度和外观两者并重，但在必要时会牺牲外观来保证回放速度。

中：会应用一些消除锯齿功能，但并不会平滑位图。

高（默认）：使外观优先于回放速度，并始终使用消除锯齿功能。

最佳：提供最佳的显示品质，而不考虑回放速度。

（5）窗口模式：下拉列表中包括4个选项。

窗口：默认情况，不会在object 和 embed 标签中嵌入任何窗口相关的属性。内容的背景不透明并使用HTML背景颜色。HTML代码无法呈现在Flash内容的上方或下方。

透明无窗口：将Flash内容的背景设置为不透明，并遮蔽该内容下面的所有内容，使HTML内容显示在该内容的上方或下方。

不透明无窗口：将Flash内容的背景设置为透明，使HTML内容显示在该内容的上方和下方。

（6）缩放：下拉列表中包括4个选项。

默认（显示全部）：在指定的区域显示整个文档，并且保持SWF文件的原始高宽比，同时不会发生扭曲，应用程序的两侧可能会显示边框。

无边框：对文档进行缩放以填充指定的区域，并保持SWF文件的原始高宽比，同时不会发生扭曲，并根据需要裁剪SWF文件边缘。

精确匹配：在指定区域显示整个文档，但不保持原始高宽比，因此可能会发生扭曲。

无缩放：禁止文档在调整Flash Player窗口大小时进行缩放。

（7）HTML对齐：下拉列表中包括5个选项。

默认：使内容在浏览器窗口内居中显示，如果浏览器窗口小于应用程序，则会裁剪边缘。

左/右/顶部/底部：会将SWF文件与浏览器窗口的相应边缘对齐，并根据需要裁剪其余的三边。

（8）Flash 水平对齐：用于在浏览器窗口中的水平方向定位 SWF 文件窗口，下拉列表中包括左、居中、右 3 个选项。

（9）Flash 垂直对齐：用于在浏览器窗口中的垂直方向定位 SWF 文件窗口，下拉列表中包括顶部、居中、底部 3 个选项。

实战演练：发布为 GIF 文件

GIF 文件提供了一种简单的方法来导出静态图形和简单动画，以在 Web 中使用，标准的 GIF 文件是一种简单的压缩位图。GIF 格式较适用于输出线条形成的图形，提供输出短动画的简便方式。对动画文件进行优化，并保存为逐帧变化的动画。在"发布设置"对话框中选择"GIF 图像"选项卡，如图 2-11-10 所示。

扫一扫
学操作

图 2-11-10　"GIF 图像"相关选项

如图 2-11-11 所示为发布后的 GIF 图像效果。

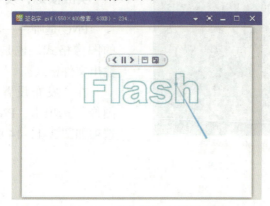

图 2-11-11　发布后的 GIF 图像效果

大小：以像素为单位指定输出图形的宽度值和高度值。选中"匹配影片"复选框后，则表示 GIF 图像和 SWF 文件大小相同并保持原始动画的高宽比。

播放：下拉列表中有两个选项："静态"和"动画"，来确定创建的 GIF 文件是静态图像还是 GIF 动画。如果选择"动画"，激活"不断循环"或"重复次数"单选按钮，可以选中"不断循环"单选按钮或输入重复次数。

平滑：输出图像消除锯齿或不消除锯齿。选中此复选框，可以生成更高画质的图形。

实战演练：发布为 JPEG 文件

JPEG 图像格式是一种高压缩比的 24 位色彩位图格式。使得图像在体积很小的情况下得到相对丰富的色调，所以 JPEG 格式图像较适合输出包含渐变色和位图形成的图形。在"发布设置"对话框中选择"JPEG 图像"选项卡，JPEG 图像发布格式的相关选项如图 2-11-12 所示。

大小：以像素为单位指定输出图形的宽度值和高度值，选中"匹配影片"复选框可以使 JPEG 图像和舞台大小相同并保持原始图像的高宽比例。

品质：控制生成 JPEG 文件的压缩比，该值较低时，压缩比较大，文件较小，但画质较差。反之，画质较好。

渐进：选中该复选框可以在 Web 浏览器中增量显示渐进式 JPEG 图像，较适合于低速网络连接上以较快的速度显示加载的图像，类似于 GIF 和 PNG 图像中的"交错"选项。

如图 2-11-13 所示为发布后的 JPEG 图像效果。

图2-11-13　发布后的JPEG图像效果

图2-11-12　"JPEG图像"相关选项

实战演练：发布为 PNG 文件

PNG 是唯一一种可跨平台支持透明度的图像格式，也是 Adobe Fireworks 的本身输出文件格式。

在"发布设置"对话框中选择"PNG 图像"选项卡，PNG 图像发布格式的相关选项如图 2-11-14 所示。

图2-11-14 "PNG图像"相关选项

如图2-11-15所示为发布后的PNG图像效果。

图2-11-15 发布后的PNG图像

（1）大小：以像素为单位指定输出图形的宽度值和高度值，选中"匹配影片"复选框可以使PNG图像和舞台大小相同并保持原始图像的高宽比例。

（2）位深度：指定创建图像时每个像素的位数和颜色数。位深度越高，文件就越大，在此下拉列表中包括3个选项。

8位：用于256色PNG图像。

24位：用于上万的颜色的PNG图像。

24位Alpha：用于带有透明度（32位）

的上万的颜色。

实战演练：发布为 AIR for Android 应用程序

执行"文件"→"新建"命令在Flash中创建AIR for Android文档，如图2-11-16所示。

图2-11-16 创建AIR for Android文档

还可以创建ActionScript 3.0 FLA文件，并通过"发布设置"对话框将其转换为AIR for Android文件，如图2-11-17所示。

图2-11-17 "发布设置"对话框

在开发完应用程序后，执行"文件"→"AIR 17.0 for Android 设置"命令，如图2-11-18所示。

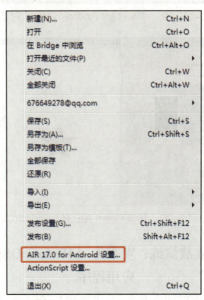

图2-11-18 "文件"菜单

143

或在"发布设置"对话框中的"目标"下拉列表中选择"AIR for Android"选项，单击"发布"按钮，可以弹出"AIR for Android 设置"对话框，在该对话框中可以对应用程序描述符文件、应用程序图标文件和应用程序包含的文件进行设置，如图2-11-19所示。

用户可以预览 Flash AIR for Android SWF 文件，显示的效果与在 AIR 应用程序窗口中一样。如果希望在不打包也不安装应用程序的情况下查看应用程序的外观，预览功能非常有用，如图 2-11-20 所示。

中创建 Adobe AIR for iOS 文档，如图 2-11-21 所示。

还可以创建 Action Script 3.0 FLA 文件，并通过"发布设置"对话框将其转换为 AIR for iOS 文件，如图 2-11-22 所示。

图2-11-21 创建AIR for iOS文档

图2-11-22 "发布设置"对话框

在开发完应用程序后，执行"文件"→"AIR 17.0 for iOS 设置"命令，如图 2-11-23 所示。

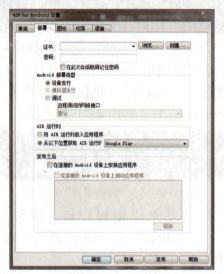

图2-11-19 "AIR for Android设置"对话框

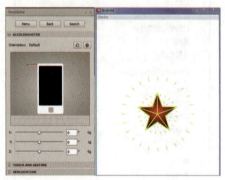

图2-11-20 预览Flash AIR for Android文件

实战演练：发布为 AIR for iOS打包应用程序

执行"文件"→"新建"命令在 Flash

图2-11-23 "文件"菜单

或在"发布设置"对话框中的"目标"下拉列表中选择"AIR for iOS"选项，单击"发布"按钮,弹出"AIR for iOS 设置"对话框,可以对应用程序的宽、高、渲染模式、图标和语言等参数进行设置,如图2-11-24 所示。

Flash 支持为 AIR for iOS 发布应用程序,在为 iOS 发布应用程序时,Flash 会将 FLA 文件转换为本机 iPhone 应用程序。用户也可以预览 Flash AIR for iOS SWF 文件,如图2-11-25 所示。

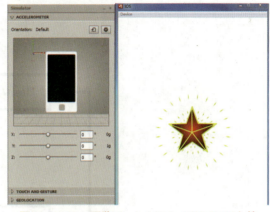

图2-11-25 预览Flash AIR for iOS SWF文件

图2-11-24 "AIR for iOS设置"对话框

拓展延伸

视频演示:创建常用组件

自我评价

知识与技能点	知识理解程度	技能掌握程度	学习收效
设置发布常用格式影片			

🔍 项目总结

通过本项目的学习，同学们已经掌握 Flash CC 典型动画，为动画添加声音和视频，组件与 ActionScript3.0 结合使用，发布设置等五个任务点的知识。丰富的动画效果，拥有了极佳的表现力，烘托氛围更加完美，实现交互，丰富了动画之旅，为点亮动画应用做好了准备。

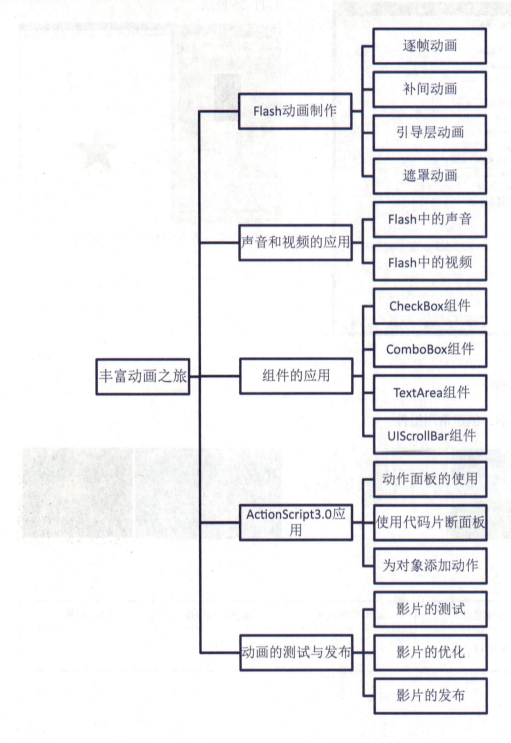

第 2 篇 赛场竞技

项目 3

点亮动画应用

Flash 动画制作技术，广泛应用于网络广告、动画短片、网站设计、电子贺卡、音乐MV、多媒体课件、小游戏、手机等诸多领域，既可以满足艺术欣赏与展示，又可以满足商业价值的需要。作为一门实用且应用广泛的技术，已经成为以计算机为主的诸多专业的主要课程，为后续其他专业课的学习做好准备。

项目情景

本项目侧重于实践能力和创新能力的培养，以三类综合应用案例：贺卡案例、网站片头动画、动画短片为参考示范。Flash 电子贺卡短小精悍，传情达意。网站片头动画以视觉、听觉良好的宣传效果代表网站的形象。动画短片良好的互动及简捷的制作，题材，情景触动心灵。示范综合案例全面展现了 Flash 在实际中的具体应用。

同学们以小组为单位，自己导演、策划、编辑。对接 1+X 动画制作职业技能等级证书，以中职学校【动画制作】（初级）起步，通过示范案例，同学们根据项目制作流程规定，利用计算机和数位板等工具，开展基础性的角色设计、场景和道具设计等工作；对视频内容进行合成输出；了解动画制作领域通识性知识，具备初步的动画赏析能力。针对不同层次的案例和综合项目制作，团结协作，融会贯通的掌握综合应用技能。

学习目标

1. 了解综合应用实训案例的制作流程，掌握构思创意与制作技巧。

2. 熟练使用各类工具，完成基础性设计，具备初步的动画赏析能力。

3. 增强民族与职业自信，发挥个人潜能，团结协作，取长补短，弘扬工匠精神，提高综合素质。

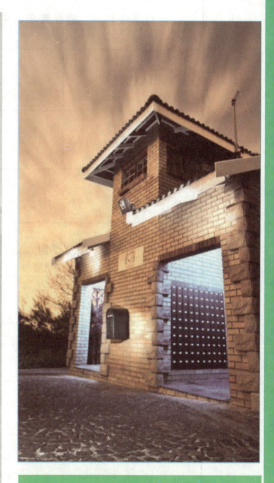

■ 任务 12-1　制作贺卡
■ 任务 12-2　制作网站片头动画
■ 任务 12-3　制作动画短片

贺卡项目工单（题目任选1）

题 目	1.端午节　2 中秋节　3 国庆节　4 春节　5 元宵节			
贺卡时长	20 秒		制作工期	10 学时
成品要求：主题鲜明，声形无缺，感染力强的作品。				
团队负责人		团队成员		
团队分工情况				
完成进度计划				
进度	第 2 学时	第 4 学时	第 6 学时	第 8 学时	第 10 学时
完成内容					
小结					
团队总结					

贺卡项目验收单

序号	分项名称	标准分值	评委1	评委2	评委3	评委4	评委5
1	按要求完整度	20					
2	主题表现度	20					
3	创建元素数量和精度	20					
4	动态场景色彩构图	20					
5	声景匹配度	20					
	总分	100					
等级	精品（90分以上）		作品（80-89分）		半成品（60-79分）		废品（60分以下）	
	A 参加展演		B 通过		C 继续完善		D 重新制作	
项目得分			验收意见		验收意见			

本项目主要通过制作 3 个不同的综合案例来对 Flash CC 的应用热门领域逐一进行分析和案例精讲，将前面所学的基础知识应用到实际中，学以致用。

> **学习要点**
> 1. 电子贺卡的制作流程。
> 2. 网页动画的制作流程。
> 3. 动画短片的制作流程。

任务12-1　制作贺卡

电子贺卡就是利用电子邮件传递的贺卡。它通过传递一张贺卡的网页链接，收卡人在收到这个链接地址后，单击就可打开贺卡图片。贺卡种类很多，目前基本上都以动态形式展现最受欢迎。

扫一扫
学操作

12.1.1　成品预览

电子贺卡制作完成后的截图如图 3-12-1 所示。

图3-12-1　电子贺卡截图

12.1.2　构思创意

本实例主要为体现愉快的一天假期，通过 3 个场景的转换，表现 3 种状态，第一个场景为路上，第二个场景为草地上，孩子们在捉蝴蝶，很开心，第三个场景为全家福合影。下面根据 3 个场景的转换来制作贺卡。

12.1.3　素材准备

静态背景元件、做好的人物原地走路动画。

12.1.4　制作步骤

1. 第一部分，在路上

（1）打开贺卡素材文件，将"图层1"重命名为"背景01"，打开"库"面板，将01文件夹下的"背景01"元件移动到舞台上，相对于舞台对齐，延续到第90帧，如图 3-12-2 所示。

图3-12-2　将素材文件移动到舞台上

（2）新建"图层2"重命名为"树丛"，打开"库"面板，将"树丛"元件移动到场景，调整位置，第90帧插入关键帧，根据车前进，景后退原理，将树丛向右移动，创建传统补间动画，如图 3-12-3 所示。

（3）新建"图层3"重命名为"前排花朵"，打开"库"面板，将"前排花朵"元件移动到场景，调整位置，第90帧插入关键帧，同理制作传统补间动画，如图 3-12-4 所示。

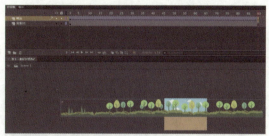

图3-12-3 制作树动画

图3-12-4 制作前排花朵动画

（4）新建"图层4"重命名为"车"，打开"库"面板，将"公交车"元件移动到场景，调整图层顺序，将"前排花朵"放在最上层，右击"车"元件，转换为影片剪辑元件，如图3-12-5所示。

图3-12-5 制作车运动动画

（5）新建图层并命名为"轮胎"，将库中的"轮胎"元件移动到场景中，摆放好，并调整图层顺序，将其移动到最下面。新建图层4，将"女孩"和"男孩"同时移动到场景中，调整位置，如图3-12-6所示。

（6）3个图层均延续到第7帧，"图层4""图层1"第4帧插入关键帧，稍向上移动一点，创建传统补间动画，制作车身颠簸的感觉，如图3-12-7所示。

图3-12-6 添加"轮胎"和人物

图3-12-7 制作车颠簸动画

（7）双击左边轮胎，选择轮胎并右击，转换成图形元件，第7帧插入关键帧，创建传统补间动画，选择中间帧，设置顺时针旋转，如图3-12-8所示。

图3-12-8 制作"轮胎"动画

（8）回到上一级，在属性面板将轮胎元件更改为"影片剪辑"元件，如图3-12-9所示。

图3-12-9　更改为"影片剪辑"元件

（9）新建图层，命名为"文字"，第9帧插入关键帧，将第一句文字移动复制到此帧，第19、20帧各插入一个关键帧，第9帧透明度为0，第9~20帧创建传统补间动画，如图3-12-10所示。

图3-12-10　制作文字淡入淡出动画

2. 第二部分，捉蝴蝶

（1）新建图层，命名为"背景02"，第81帧插入关键帧，方法同第一部分，如图3-12-11所示。

扫一扫
学操作

图3-12-11　新建图层

（2）新建图层，命名为"角色"，将所有的人物移动到第81帧上，将第81帧上所有内容转换成影片剪辑元件，如图3-12-12所示。

图3-12-12　转换人物元件

（3）双击进入编辑状态，将"男孩"所有部位转换为一个整体的影片剪辑元件，将"女孩"也同样转换为一个整体的影片剪辑，之后全选元件，右击分散到图层，如图3-12-13所示。

图3-12-13　将人物元件分散到图层

（4）制作人物摆手动画，双击进入"女孩"的影片剪辑，全选并分散到图层，将手臂的中心点都调到靠近肩膀的位置，如图3-12-14所示。

图3-12-14　调整中心点

（5）在3个图层的第10帧插入关键帧，两个手臂图层的第5帧插入关键帧，调整摆动幅度，创建传统补间动画，如图3-12-15所示。

图3-12-15　制作手摆动动画

（6）回到角色影片剪辑中，用同样的方法制作"男孩"手摆动动画，如图3-12-16所示。

图3-12-16　制作男孩手摆动动画

（7）制作蝴蝶环形飞行引导层动画，双击进入蝴蝶影片剪辑，绘制引导路径，右击转换为引导层，将蝴蝶拖到引导层下面，打开吸铁石，调整蝴蝶飞行的方向，创建传统补间动画，如图3-12-17所示。

图3-12-17　制作蝴蝶引导层动画

（8）另一蝴蝶做法相同，如图3-12-18所示。

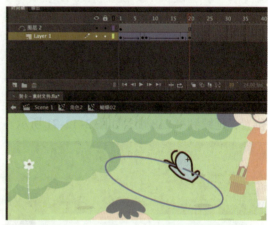

图3-12-18　制作另一只蝴蝶引导层动画

（9）回到场景中，将第二部分延续帧到第180帧，第80~90帧作淡入动画，第80帧元件设置透明度为0，如图3-12-19所示。

图3-12-19　作淡入动画

（10）新建图层，命名为"文字2"，创建传统补间动画，如图3-12-20所示。

图3-12-20　新建图层

（11）新建图层"背景3"，第170帧插入关键帧，打开"库"面板，将"背景03"移动相应位置，新建图层"角色03"，第170帧插入关键帧，将本部分所有人物移动到相应位置，延续到第218帧，如图3-12-21所示。

图3-12-21　将人物移动到相应位置

3. 第三部分，全家福合影

（1）将所有人物右击转换为影片剪辑，制作"男孩""女孩"挥手动画，方法同上，如图3-12-22所示。

（2）回到场景，第179帧插入关键帧，将第170帧的元件的Alpha值设置为0，如图3-12-23所示。

图3-12-22　制作挥手动画

图3-12-23　制作淡入动画

（3）新建图层，第194帧插入关键帧，第212帧插入关键帧，制作第218帧插入关键帧，绘制图形，转换为元件，调整大小，第194帧元件的Alpha值设置为0，如图3-12-24所示。

图3-12-24　转换为元件并设置属性

（4）该图形制作由大到小的传统补间动画，如图 3-12-25 所示。

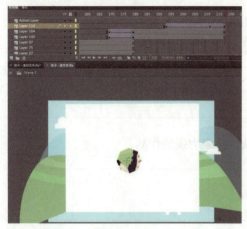

图3-12-25　制作传动补间动画

（5）新建图层"背景人物"，在第 219 帧插入关键帧，将背景加人物复制到场景中，调整大小，如图 3-12-26 所示。

图3-12-26　制作拍照效果

（6）新建图层，在第 219 帧插入关键帧，绘制矩形，填充为白色，设置透明度为 0，在第 230 帧插入关键帧，填充透明度为白色 100%，创建形状补间动画，如图 3-12-27 所示。

图3-12-27　绘制矩形并设置属性

（7）在第 231 帧插入关键帧，绘制相框，如图 3-12-28 所示。

图3-12-28　绘制相框

（8）新建图层，插入声音，最后一帧插入关键帧，添加 stop 动作、replay 按钮，如图 3-12-29 所示。

图3-12-29　添加声音和动作

（9）按 Ctrl ＋ Enter 组合键测试影片，如图 3-12-30 所示。

图3-12-30　测试影片

片头动画项目工单（题目任选1）

题 目	1 社区服务网站　2 婴幼儿用品网站　3 老年大学网站 4 共享单车网站　5 星级酒店网站			
贺卡时长	20秒		制作工期	8学时
成品要求：主题鲜明，声形无缺，感染力强的作品。				
团队负责人		团队成员		
团队分工情况				
完成进度计划				
进度	第2学时	第4学时	第6学时	第8学时
完成内容				
小结				
团队总结				

片头动画项目验收单

序号	分项名称	标准分值	评委1	评委2	评委3	评委4	评委5
1	按要求完整度	20					
2	主题表现度	20					
3	创建元素数量和精度	20					
4	动态场景色彩构图	20					
5	声景匹配度	20					
	总分	100					

等级	精品 （90分以上）	作品 （80-89分）	半成品 （60-79分）	废品 （60分以下）
	A 参加展演	B 通过	C 继续完善	D 重新制作
项目得分		验收意见		验收意见

任务12-2 制作网站片头动画

一个优秀的Flash片头设计，代表了一个网站的品牌形象，对于一个网站来说是成功与否的关键，所以在设计的时候就要从多方面考虑，网站的要素、主题和网站的文化特点都应考虑在内。

12.2.1 成品预览

网站片头动画制作完成后的截图如图3-12-31所示。

图3-12-31 网站片头动画截图

12.2.2 构思创意

本实例是为一个房地产网站做的片头，主要突出家的感觉以及鸟语花香、自然清新的环境，所以，背景图片应用了桃花盛开、燕子归来，体现出春意盎然、舒适的生活状态。

12.2.3 素材准备

背景图片、动画的影片剪辑元件、文中所有文字。

12.2.4 制作步骤

（1）打开第12章"网站片头"背景素材，图层重命名为"红色方块"，画布左下角绘制矩形（正方形），颜色设置为淡红色，右击转换为图形元件，命名为"红色方块"，如图3-12-32所示。

图3-12-32 绘制矩形制作变形动画

（2）选择任意变形工具，将中心点调节到左上角。在第28帧插入关键帧，将"红色方块"上移到画面中间加入补间动画，如图3-12-33所示。

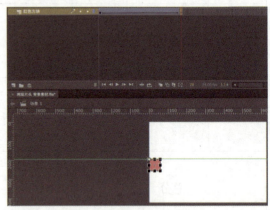

图3-12-33 加入补间动画

（3）执行"视图"→"标尺"命令，在第12帧插入关键帧，将"红色方块"顶边位置上移到与第28帧相同（通过拖动标尺调节），如图3-12-34所示。

图3-12-34 制作变形动画

（4）新建图层，命名为"文字下"，在第 19 帧插入关键帧，选择"库"，将元件"下"移动到图层，在第 28 帧插入关键帧，将第 19 帧元件"下"等比放大 110%（按 Ctrl+Alt+S 组合键），稍微拉长元件，透明度设置为 0，插入补间动画，如图 3-12-35 所示。

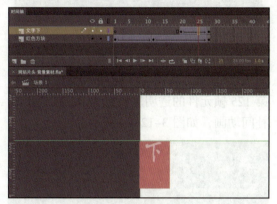

图3-12-35 制作文字动画

（5）新建图层，命名为"文字载入"，在第 26 帧插入关键帧，打开"库"，将元件"载中 请稍后"移动到第 26 帧，调整位置，调整图层顺序，将图层"文字载入"移动到最底层，在第 39 帧右击插入空白关键帧，前两个图层在第 80 帧插入帧，如图 3-12-36 所示。

图3-12-36 添加文字元件

（6）选择"载中 请稍后"图层，在第 34 帧插入关键帧，向右平移文字，创建传统补间动画，如图 3-12-37 所示。

（7）新建图层，命名为"loading"，在第 34 帧插入关键帧，打开"库"，将"loading"文字元件移动到第 34 帧，调整位置，第 37 帧右击插入空白关键帧，如图 3-12-38 所示。

图3-12-37 制作传统补间动画

图3-12-38 新建图层

（8）选中"文字下"图层，在第 35 帧插入关键帧，在第 40 帧插入关键帧，将第 40 帧内容等比放大 120%，设置元件的透明度为 0，创建补间动画，如图 3-12-39 所示。

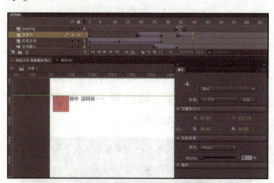

图3-12-39 制作补间动画

（9）选中"红色方块"图层，在第 37 帧插入关键帧，选择任意变形工具将元件中心点移到右侧，在第 49 帧插入关键帧，先平移方形到画面右边，向左拉长红色方块形状，在第 54 帧插入关键帧，缩短矩形，在第 57 帧插入关键帧，将红色方块向右平移，出画，在第 35~57 帧创建补间动画，如图 3-12-40 所示。

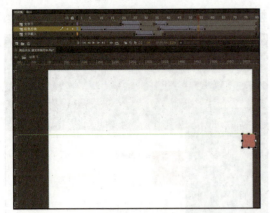

图3-12-40　制作方块变形动画

（10）新建图层，命名为"桃花"，在第57帧插入关键帧，打开"库"，将模糊的桃花移动到舞台上，调整大小和位置，设置属性参数，如图3-12-41所示。

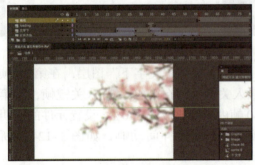

图3-12-41　制作桃花显现动画

（11）新建图层，命名为"遮罩层"，在第57帧插入关键帧，打开"库"，选择"桃花遮罩层"，移动到舞台上第57帧，单击进入查看最后一帧位置，在外面调节位置，如图3-12-42所示。

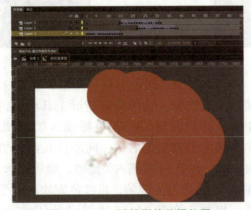

图3-12-42　调整影片剪辑位置

（12）回到场景，选中"遮罩层"，右击"遮罩层"，此时"桃花"图层为被遮罩层，在112帧插入帧，如图3-12-43所示。

图3-12-43　制作遮罩层

（13）选中"桃花"图层，在第112帧插入关键帧，在第125帧插入关键帧，将第125帧元件的透明度设置为0，创建传统补间动画，如图3-12-44所示。

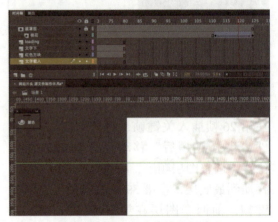

图3-12-44　创建传统补间动画

（14）在"桃花"图层下方新建图层，命名为"桃花清晰"，在第112帧插入关键帧，打开"库"，将"桃花清晰"移动到此图层第112帧。调整位置，与模糊桃花图层对齐，如图3-12-45所示。

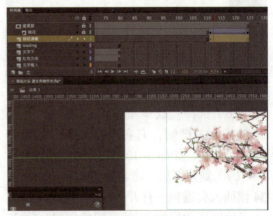

图3-12-45　制作桃花由模糊到清晰

（15）新建图层，命名为"燕子01"，在第131帧插入关键帧，打开"库"，将元件清晰的"燕子01"移动到此图层第131帧，延续到第235帧，新建图层，命名为"燕子01模糊"，在第110帧插入关键帧，打开"库"，将"燕子01模糊"移动到第110帧，调整位置，在第134帧插入关键帧，第150帧插入关键帧，将第110帧元件的透明度设置为0，第150帧元件的透明度设置为0，在第110~150帧创建补间动画，如图3-12-46所示。

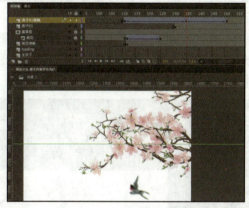

图3-12-46　创建补间动画

（16）新建图层，命名为"燕子02"，第147帧插入关键帧，打开"库"，移动"燕子02"元件到第147帧，调整位置，如图3-12-47所示。

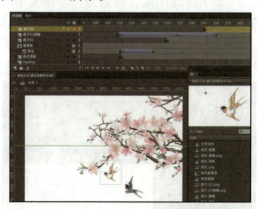

图3-12-47　移动图层并调整位置

（17）新建图层，命名为"燕子02模糊"，第131帧插入关键帧，打开"库"，将"燕子02模糊"元件移动到第131帧并调整位置，第147帧插入关键帧，第163帧插入关键帧，将第131帧和第163帧元件的透明度调为0，创建传统补间动画，如图3-12-48所示。

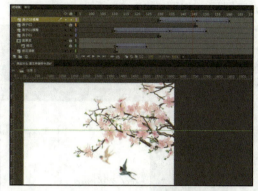

图3-12-48　制作燕子由模糊到清晰

（18）新建图层，命名为"F文字"，在第142帧插入关键帧，打开"库"，选中"F文字"影片剪辑并移动到第142帧，如图3-12-49所示。

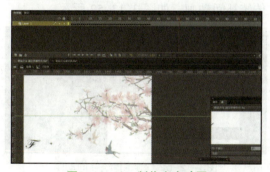

图3-12-49　制作文字动画

（19）单击影片剪辑内部，新建图层，命名为"渐变"，第42帧插入关键帧，绘制长方形，渐变黑色到透明，转换成元件，调整中心点位置，如图3-12-50所示。

图3-12-50　绘制文字遮罩层

(20)新建图层,命名为"文字",第42帧插入关键帧,打开"库",选择"eel at home"文字元件移动到舞台上,右击转换成遮罩层,如图3-12-51所示。

图3-12-51　新建遮罩层

(21)选中渐变元件,第69帧插入关键帧,右移,第99帧插入关键帧,右边拉长渐变元件,让黑色完全覆盖文字,创建传统补间动画,如图3-12-52所示。

图3-12-52　创建传统补间动画

(22)在最上层新建图层,最后一帧插入关键帧,选择"窗口"→"动作"命令,或按F9键,打开"动作"面板,在脚本编辑窗口输入代码"stop();",或使用代码片断,如图3-12-53所示。

图3-12-53　添加stop动作

(23)回到场景,测试影片,将"桃花清晰"以上图层延续到第235帧,如图3-12-54所示。

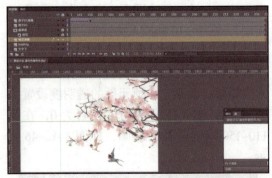

图3-12-54　延续帧

(24)新建图层,命名为"渐变",第156帧插入关键帧,绘制相同黑色渐变长方形并制作同样的遮罩动画,如图3-12-55所示。

图3-12-55　制作遮罩动画

(25)新建图层,命名为"楷体文字",第156帧插入关键帧,打开"库",移动"楷体文字"元件到场景并调整位置,如图3-12-56所示。

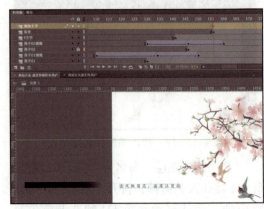

图3-12-56　制作附属文字遮罩动画

（26）调整矩形渐变位置，第 183 帧插入关键帧，移动位置，第 210 帧插入关键帧，右侧拉长让黑色完全覆盖文字，创建运动补间动画，单击"楷体文字"图层并右击，选择"遮罩层"，测试影片，如图 3-12-57 所示。

图3-12-57　制作运动补间动画

（27）新建图层"声音"，第 57 帧插入关键帧，打开"库"面板，将"声音"移动到舞台上，新建图层，在第 235 帧插入关键帧，添加 stop 动作，如图 3-12-58 所示。

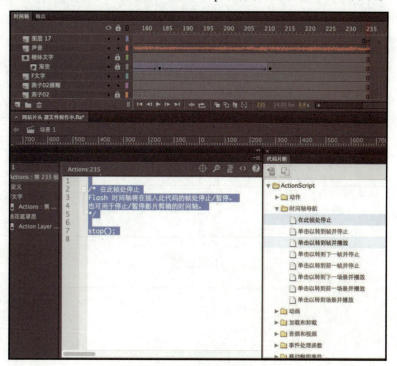

图3-12-58　添加动作并测试影片

动画短片项目工单（题目任选1）

题 目	1 "绿水青山就是金山银山"。（习近平总书记提出的重要理念，已经并将继续对我国生态文明建设产生广泛而深远的影响。） 2 "大白"，你们辛苦！（"大白"指抗疫前线的工作者） 3 自选主题			
贺卡时长	80秒		制作工期	18学时
成品要求：主题鲜明，声形无缺，感染力强的作品。				
团队负责人		团队成员		
团队分工情况				
完成进度计划				
进度	第4学时	第8学时	第10学时	第14学时	第18学时
完成内容					
小结					
团队总结					

动画短片项目验收单

序号	分项名称	标准分值	评委1	评委2	评委3	评委4	评委5
1	按要求完整度	20					
2	主题表现度	20					
3	创建元素数量和精度	20					
4	动态场景色彩构图	20					
5	声景匹配度	20					
	总分	100					

等级	精品（90分以上）	作品（80-89分）	半成品（60-79分）	废品（60分以下）
	A 参加展演	B 通过	C 继续完善	D 重新制作

项目得分		验收意见		验收意见	

任务12-3　制作动画短片

Flash 制作二维动画方便快捷，无论是从场景的绘制到角色的运动有其突出的优势。下面利用已学过的 Flash 基础知识来完成一个动画短片的制作。

12.3.1　成品预览

动画短片制作完成后的截图如图 3-12-59 所示。

图3-12-59　成片截图

12.3.2　构思创意

本实例的动画短片名称为《成长》，通过几个场景画面的转换以及人物从儿童到成年人的转变讲述了一名职教学生的成长历程。

本实例最主要的知识点为人物原地走路动画制作，整体主要分为五部分：第一部分为入学前的孩子走路循环，背景为双塔山景色；第二部分为学校前学生在走路循环，通过两年的时间逐渐走向社会；第三部分为上海场景前的走路循环；第四部分为北京场景前的走路循环；第五部分为家场景。通过拆分项目来一步一步完成每一个独立场景前的基础动画。

12.3.3　素材准备

（1）短片中 5 个场景绘制完成后的效果如图 3-12-60 所示。

图3-12-60　场景素材

（2）短片中制作拆分完成的 4 个角色，如图 3-12-61 所示。

图3-12-61 角色素材

12.3.4 制作步骤

1. 角色走路制作

这里主要讲解一个人物原地走路动画的制作,剩下的人物用同样的方法制作,分解效果如图 3-12-62 所示。原地走路只是这几个分解动作在基本相同的位置变化。

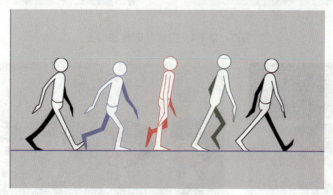

图3-12-62 走路分解动作

(1)打开 12 章素材文件,双击到人物元件内部,根据走路运动规律,打开洋葱皮,摆出前半步关键动作,如图 3-12-63 所示。

①

②

图3-12-63 打开素材文件添加中间帧

(2)根据分解动作,完成基础走路三帧动画的制作,调整向前迈步的脚步位置,使其原地走路,如图 3-12-64 所示。

（3）观看演示动画，熟悉运动规律，制作流畅走路动画，分解动作如图3-12-65所示。

①

②

图3-12-64 完成基础走路动画

①

②

图3-12-65 走路分解动作

（4）复制走路循环动作，将走路图形元件的属性调整为循环，如图3-12-66所示。

图3-12-66 原地走路循环

2. 合成

（1）打开背景素材文件，新建图层，重命名为"白云"，找到素材文件夹，将白云素材复制到该图层，如图 3-12-67 所示。

图3-12-67　添加白云素材

（2）新建图层，重命名为"人物走路"，打开角色走路文件，将儿童元件复制到此图层，第 100 帧插入关键帧，移动"儿童"到画面中间，添加传统补间动画，如图 3-12-68 所示。

图3-12-68　合成人物走路

（3）新建图层，重命名为"旁白"，打开文字素材，将第一句旁白复制到该图层，第 31 帧插入关键帧，单击第一帧旁白元件，设置"色彩效果"→"Alpha"→0，创建传统补间动画，如图 3-12-69 所示。

（4）将其余的图层延长帧，选择场景转换图层，第 100 帧插入关键帧，第 185 帧插入关键帧，旋转背景到学校的场景，中间创建传统补间动画，如图 3-12-70 所示。

图3-12-69 添加旁白

图3-12-70 转换场景

（5）同时选择"人物走路"图层，第148帧插入关键帧，将"儿童"替换为学生走路，调整位置，创建传统补间动画，第215帧插入关键帧，替换为戴眼镜的学生走路，第216帧插入关键帧，调整位置，第245帧插入关键帧，创建传统补间动画，如图3-12-71所示。

图3-12-71 转换人物

（6）选择"旁白"图层，第105帧插入关键帧，第112帧插入关键帧，调整第12帧旁白元件 Alpha 值为 0，滤镜模糊值为"20"，做淡出动画，第 113 帧插入第二段旁白，第 130 帧将元件属性透明度调整为"100"，创建传统补间动画。元件第 202 帧插入关键帧，第 215 帧插入关键帧，单击第 215 帧旁白影片剪辑元件，设置透明度为 0，设置"滤镜"→"模糊"→20，创建传统补间动画，第 216 帧插入关键帧，删除内容，替换为下一段旁白，第 223 帧插入关键帧，单击第 216 帧元件，设置透明度为 0，设置"滤镜"→"模糊"→20，中间创建传统补间动画，如图 3-12-72 所示。

图3-12-72　添加旁白淡入淡出效果

（7）选择"旁白"图层，第 335 帧插入关键帧，替换旁白，第 450 帧插入关键帧，第 460 帧插入关键帧，创建文字模糊淡出传统补间动画，第 461 帧插入关键帧，替换旁白，如图 3-12-73 所示。

图3-12-73　替换旁白

（8）选择"人物走路"图层，第 461 帧插入关键帧，更换人物为成年男子走路循环，如图 3-12-74 所示。

（9）选择"场景转换"图层，第 534 帧插入关键帧，第 598 帧插入关键帧，转换场景为上海，中间创建传统补间动画，其后，选择旁白图层第 573 帧插入关键帧，第 592 帧插入关键帧，做淡出动画，第 596 帧到 605 帧做下一段旁白的淡入动画，如图 3-12-75 所示。

图3-12-74　替换人物走路　　　　　　图3-12-75　场景、旁白转换

（10）选择"场景转换"图层，第 647 帧插入关键帧，第 666 帧插入关键帧，转换场景到北京，创建传统补间动画，第 819 帧插入关键帧，836 帧插入关键帧，转换场景到家，创建传统补间动画，如图 3-12-76 所示。

（11）选择"旁白"图层，第 654 帧插入关键帧，第 660 帧插入关键帧，做淡出补间动画，第 666 帧插入关键帧，替换旁白为北京，第 720 帧插入关键帧，替换下一段旁白，第 836 帧插入关键帧，替换下一段旁白，如图 3-12-77 所示。

图3-12-76　场景转换　　　　　　　　图3-12-77　旁白替换

（12）在"人物走路"图层上新建图层，在第 720 帧插入关键帧，打开角色素材，将女孩走路动画复制过去，第 836 帧插入空白关键帧，选择"人物走路"图层，第 836 帧插入关键帧，替换人物，如图 3-12-78 所示。

① ②

图3-12-78 替换人物

（13）新建图层，重命名为"转场"，第940帧插入关键帧，利用矩形工具与椭圆工具绘制一个白色填充、中心镂空的形状，并转换为元件，在第960帧插入关键帧，将形状缩小到镂空最小范围显示，如图3-12-79所示。

图3-12-79 绘制转场

（14）新建图层，重命名为"母校"，第 961 帧插入关键帧，打开母校素材背景复制到此处，第 986 帧插入关键帧，插入传统补间动画，做场景的淡入动画，如图 3-12-80 所示。

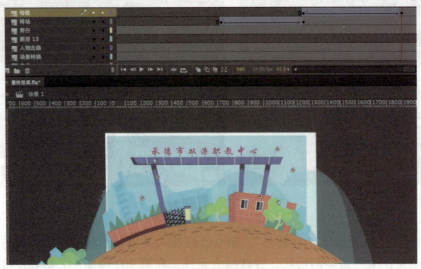

图3-12-80　制作结束画面

（15）打开声音素材，新建图层，按画面插入合适的声音，按 Ctrl ＋ Enter 组合键测试影片，如图 3-12-81 所示。

图3-12-81　测试影片

参 考 文 献

[1] 杨兆辉．Flash CC 动画设计与制作项目教程［M］．北京：电子工业出版社，2016．

[2] 唐琳．Flash CC 动画制作与设计［M］．北京：清华大学出版社，2015．

[3] 广东省职业技术教研室组织写．Flash CC 动画设计与制作［M］．北京：中国劳动社会保障出版社，2016

[4] 周越，吕美，黄冲．Flash CC 实训案例教程［M］．北京：中国青年出版社，2016．

[5] 刘玉红，侯永岗．Flash CC 动画制作与设计实战从入门到精通［M］．北京：清华大学，2017．

参考文献

[1] 刘光海. Flash CC动画设计案例教程项目式[M]. 北京: 电子工业出版社, 2016.

[2] 张凡. Flash CC动画制作实例教程[M]. 北京: 清华大学出版社, 2015.

[3] 凤凰高新教育. 中文版Flash CC动画制作案例教程[M]. 北京: 中国青年出版社, 2016.

[4] 姬鹏, 石晨. 中文版Flash CC实用案例教程[M]. 北京: 中国铁道出版社, 2016.

[5] 张文, 陈东东. Flash CC动画制作与设计标准教程[M]. 北京: 清华大学出版社, 2017.